国家出版基金资助项目

现代数学中的著名定理纵横谈丛书

丛书主编　王梓坤

STURM THEOREM

Sturm定理

佩捷　冯贝叶　王鸿飞　编译

U0362966

哈尔滨工业大学出版社

HARBIN INSTITUTE OF TECHNOLOGY PRESS

内 容 简 介

本书从一道"华约"自主招生试题的解法谈起,介绍了斯图姆定理的应用,本书共分为七章,并配有许多典型的例题。

本书适合高中生及数学专业本科生阅读。

图书在版编目(CIP)数据

Sturm 定理/佩捷,冯贝叶,王鸿飞编译. —哈尔滨:哈尔滨工业大学出版社,2018.1
(现代数学中的著名定理纵横谈丛书)
ISBN 978 - 7 - 5603 - 6802 - 3

Ⅰ.①S… Ⅱ.①佩… ②冯… ③王…
Ⅲ.①代数方程-研究 Ⅳ.①O151.1

中国版本图书馆 CIP 数据核字(2017)第 181029 号

策划编辑	刘培杰 张永芹	
责任编辑	张永芹 聂兆慈	
封面设计	孙茵艾	
出版发行	哈尔滨工业大学出版社	
社　　址	哈尔滨市南岗区复华四道街 10 号　邮编 150006	
传　　真	0451 - 86414749	
网　　址	http://hitpress.hit.edu.cn	
印　　刷	黑龙江艺德印刷有限责任公司	
开　　本	787mm×960mm　1/16　印张 9.25	
	字数 103 千字　插页 1	
版　　次	2018 年 1 月第 1 版　2018 年 1 月第 1 次印刷	
书　　号	ISBN 978 - 7 - 5603 - 6802 - 3	
定　　价	48.00 元	

(如因印装质量问题影响阅读,我社负责调换)

读书的乐趣

你最喜爱什么——书籍.

你经常去哪里——书店.

你最大的乐趣是什么——读书.

这是友人提出的问题和我的回答. 真的,我这一辈子算是和书籍,特别是好书结下了不解之缘. 有人说,读书要费那么大的劲,又发不了财,读它做什么? 我却至今不悔,不仅不悔,反而情趣越来越浓. 想当年,我也曾爱打球,也曾爱下棋,对操琴也有兴趣,还登台伴奏过. 但后来却都一一断交,"终身不复鼓琴". 那原因便是怕花费时间,玩物丧志,误了我的大事——求学. 这当然过激了一些. 剩下来唯有读书一事,自幼至今,无日少废,谓之书痴也可,谓之书橱也可,管它呢,人各有志,不可相强. 我的一生大志,便是教书,而当教师,不多读书是不行的.

读好书是一种乐趣,一种情操;一种向全世界古往今来的伟人和名人求

1

教的方法,一种和他们展开讨论的方式;一封出席各种活动、体验各种生活、结识各种人物的邀请信;一张迈进科学宫殿和未知世界的入场券;一股改造自己、丰富自己的强大力量.书籍是全人类有史以来共同创造的财富,是永不枯竭的智慧的源泉.失意时读书,可以使人重整旗鼓;得意时读书,可以使人头脑清醒;疑难时读书,可以得到解答或启示;年轻人读书,可明奋进之道;年老人读书,能知健神之理.浩浩乎! 洋洋乎! 如临大海,或波涛汹涌,或清风微拂,取之不尽,用之不竭.吾于读书,无疑义矣,三日不读,则头脑麻木,心摇摇无主.

潜能需要激发

我和书籍结缘,开始于一次非常偶然的机会.大概是八九岁吧,家里穷得揭不开锅,我每天从早到晚都要去田园里帮工.一天,偶然从旧木柜阴湿的角落里,找到一本蜡光纸的小书,自然很破了.屋内光线暗淡,又是黄昏时分,只好拿到大门外去看.封面已经脱落,扉页上写的是《薛仁贵征东》.管它呢,且往下看.第一回的标题已忘记,只是那首开卷诗不知为什么至今仍记忆犹新:

日出遥遥一点红,飘飘四海影无踪.

三岁孩童千两价,保主跨海去征东.

第一句指山东,二、三两句分别点出薛仁贵(雪、人贵).那时识字很少,半看半猜,居然引起了我极大的兴趣,同时也教我认识了许多生字.这是我有生以来独立看的第一本书.尝到甜头以后,我便千方百计去找书,向小朋友借,到亲友家找,居然断断续续看了《薛丁山征西》《彭公案》《二度梅》等,樊梨花便成了我心中的女英雄.我真入迷了.从此,放牛也罢,车水也罢,我总要带一本书,还练出了边走田间小路边读书的本领,读得津津有味,不知人间别有他事.

当我们安静下来回想往事时,往往会发现一些偶然的小事却影响了自己的一生.如果不是找到那本《薛仁贵征东》,我的好学心也许激发不起来.我这一生,也许会走另一条路.人的潜能,好比一座汽油库,星星之火,可以使它雷声隆隆、光照天地;但若少了这粒火星,它便会成为一潭死水,永归沉寂.

抄,总抄得起

好不容易上了中学,做完功课还有点时间,便常光顾图书馆.好书借了实在舍不得还,但买不到也买不起,便下决心动手抄书.抄,总抄得起.我抄过林语堂写的《高级英文法》,抄过英文的《英文典大全》,还抄过《孙子兵法》,这本书实在爱得狠了,竟一口气抄了两份.人们虽知抄书之苦,未知抄书之益,抄完毫末俱见,一览无余,胜读十遍.

始于精于一,返于精于博

关于康有为的教学法,他的弟子梁启超说:"康先生之教,专标专精、涉猎二条,无专精则不能成,无涉猎则不能通也."可见康有为强烈要求学生把专精和广博(即"涉猎")相结合.

在先后次序上,我认为要从精于一开始.首先应集中精力学好专业,并在专业的科研中做出成绩,然后逐步扩大领域,力求多方面的精.年轻时,我曾精读杜布(J. L. Doob)的《随机过程论》,哈尔莫斯(P. R. Halmos)的《测度论》等世界数学名著,使我终身受益.简言之,即"始于精于一,返于精于博".正如中国革命一

3

样,必须先有一块根据地,站稳后再开创几块,最后连成一片.

丰富我文采,澡雪我精神

辛苦了一周,人相当疲劳了,每到星期六,我便到旧书店走走,这已成为生活中的一部分,多年如此.一次,偶然看到一套《纲鉴易知录》,编者之一便是选编《古文观止》的吴楚材.这部书提纲挈领地讲中国历史,上自盘古氏,直到明末,记事简明,文字古雅,又富于故事性,便把这部书从头到尾读了一遍.从此启发了我读史书的兴趣.

我爱读中国的古典小说,例如《三国演义》和《东周列国志》.我常对人说,这两部书简直是世界上政治阴谋诡计大全.即以近年来极时髦的人质问题(伊朗人质、劫机人质等),这些书中早就有了,秦始皇的父亲便是受害者,堪称"人质之父".

《庄子》超尘绝俗,不屑于名利.其中"秋水""解牛"诸篇,诚绝唱也.《论语》束身严谨,勇于面世,"己所不欲,勿施于人",有长者之风.司马迁的《报任少卿书》,读之我心两伤,既伤少卿,又伤司马;我不知道少卿是否收到这封信,希望有人做点研究.我也爱读鲁迅的杂文,果戈理、梅里美的小说.我非常敬重文天祥、秋瑾的人品,常记他们的诗句:"人生自古谁无死,留取丹心照汗青""休言女子非英物,夜夜龙泉壁上鸣".唐诗、宋词、《西厢记》《牡丹亭》,丰富我文采,澡雪我精神,其中精粹,实是人间神品.

读了邓拓的《燕山夜话》,既叹服其广博,也使我动了写《科学发现纵横谈》的心.不料这本小册子竟给我招来了上千封鼓励信.以后人们便写出了许许多多

4

的"纵横谈".

从学生时代起,我就喜读方法论方面的论著.我想,做什么事情都要讲究方法,追求效率、效果和效益,方法好能事半而功倍.我很留心一些著名科学家、文学家写的心得体会和经验.我曾惊讶为什么巴尔扎克在51年短短的一生中能写出上百本书,并从他的传记中去寻找答案.文史哲和科学的海洋无边无际,先哲们的明智之光沐浴着人们的心灵,我衷心感谢他们的恩惠.

读书的另一面

以上我谈了读书的好处,现在要回过头来说说事情的另一面.

读书要选择.世上有各种各样的书:有的不值一看,有的只值看20分钟,有的可看5年,有的可保存一辈子,有的将永远不朽.即使是不朽的超级名著,由于我们的精力与时间有限,也必须加以选择.决不要看坏书,对一般书,要学会速读.

读书要多思考.应该想想,作者说得对吗?完全吗?适合今天的情况吗?从书本中迅速获得效果的好办法是有的放矢地读书,带着问题去读,或偏重某一方面去读.这时我们的思维处于主动寻找的地位,就像猎人追找猎物一样主动,很快就能找到答案,或者发现书中的问题.

有的书浏览即止,有的要读出声来,有的要心头记住,有的要笔头记录.对重要的专业书或名著,要勤做笔记,"不动笔墨不读书".动脑加动手,手脑并用,既可加深理解,又可避忘备查,特别是自己的灵感,更要及时抓住.清代章学诚在《文史通义》中说:"札记之功必不可少,如不札记,则无穷妙绪如雨珠落大海矣."

许多大事业、大作品,都是长期积累和短期突击相结合的产物.涓涓不息,将成江河;无此涓涓,何来江河?

爱好读书是许多伟人的共同特性,不仅学者专家如此,一些大政治家、大军事家也如此.曹操、康熙、拿破仑、毛泽东都是手不释卷,嗜书如命的人.他们的巨大成就与毕生刻苦自学密切相关.

王梓坤

这是一本"挂羊皮卖狗肉"的小册子。所谓的"羊皮"作为图书来讲一定要是当前图书市场的热点。作为一个专门出数学图书的机构，热点当然是和中高考挂钩。而在近 10 年来，高考中的黑马便是自主招生考试，于是我们便借此为由夹带点数学精华的私货。

21 世纪教育研究院副院长熊丙奇曾写过一篇文章，题目叫"自主招生标准为何重回分数原点"。

前不久有传言称，2011 年和 2012 年都参加北京大学"中学校长实名推荐制"的南京金陵中学，2013 年没有参加推荐的资格，原因是去年的推荐生"裸分"没达到北大在江苏的录取线。而就在近日，清华大学明确，2013 年"领军计划"增加了"学业成绩排名在全年级前 1% 的应届高中毕业生优先"的政策。

这一消息令舆论很是不解:自主招生提出这么高的学业成绩要求,这样的改革还有何意义?这些排名在重点高中前1‰的学生不需要参加自主招生,照样可以进名校。北大、清华如此操作不过是"抢生源",而且也在自主招生中重复与高考一样的选拔标准。

舆论的不解源于误会了我国高校正在推进的自主招生,以为高校的自主招生建立了多元评价体系,会给一些偏才、怪才以进入大学的渠道。其实我国大学目前的自主招生,其实质根本就不是自主招生。目前自主招生操作的流程是,考生先要参加学校的笔试、面试,获得自主招生资格后,还要参加高考,填报志愿,必须把该校填报在第一志愿(传统志愿填报)或A志愿(平行志愿填报),高考成绩达到高校承诺的录取优惠方能被该校录取。按照这一操作,考生的选择权并没有增加,自主招生还和高考集中录取嫁接,自主招生必定成为高校抢生源的手段。

这就是北大乐于推出"中学校长实名推荐制"的原因。在2010年该制度推出时,北大还宣称这是给中学校长的推荐权利,可以发现一些"怪才",可说到底,这是把学校的高分学生提前揽到学校门下。按照北大校长实名推荐的操作,获得推荐并通过学校面试的学生,必须承诺报考该校,这不摆明在抢生源吗?再就是,所有获得"校长实名推荐"资格的学校,实行的都是学校推荐,采用的都是以学业成绩为主的"综合指标"体系,因为一方面学校校长不愿意以教育声誉承担推荐责任;另一方面,大学还是以被推荐参加者高考的成绩来评价学校的推荐是否得力。如果被推荐者参加高考分数不高,甚至将影响到来年大学是否给这所学校推荐指标。

自主招生高校显然明白北大的真实用意,因此,在北大之后,清华、人大等高校推出的计划貌似给学生更多的选择机会,其实是让学生更焦虑,在推荐阶段,就必须做出选择,一旦获得推荐,就不得再选其他学校。

正是由于学生没有选择权,所以北大、清华把学业成绩的标准进一步提高,也就十分正常。这是自主招生与集中录取制度嫁接的必然。而如果实行真正的自主招生,情况就完全不同。自主招生的实质,应当是学校和学生双向选择,一名考生可以申请若干所大学,可以获得多张大学录取通知书再做选择,在这种情况下,大学可以提出基本的学业成绩要求,但如果其把成绩要求提得太高,就将很大程度限制申请数量,结果是难以招收到适合本校的学生。在这种双向选择机制中,大学也会逐渐形成自己的办学特色和招生标准,而不是所有学校都用一个相同的学业成绩标准去评价、选择学生。

2013年,我国高校的自主招生改革试点将进入第11个年头,10年的自主招生实践,让高校的招生标准又回到分数原点,这值得深思。只有实行真正意义的自主招生,才能推进高校转变观念,多元评价体系也才有望形成。

自主招生的试题在短期内一定会是中学师生心目中的热点:多解加强的有之,引为例题论据的有之,但是随着时间的推移,它们一定会逐渐淡出人们的视野,但它们背后所应用到的某个数学定理却愈加凸显,更显历久弥新,就像在一个"拼爹的时代",你是谁不重要,重要的是你的爹是谁。

前任广东省委书记汪洋喜欢谈历史,其中一个最生动的故事叫"落第秀才干大事"。在 2011 年 1 月的广东省委全会上,他对干部说道:"《论语》有一句话,我看了很受启发,'导千乘之国,敬事而信,节用而爱人,使民以时。'就是管理一个地方,要踏踏实实做事,这样才能得到群众的信任,要节俭用度,爱护民众,珍惜民力,动用民力要审时度势,恰到好处。"

"我最近还看了一个故事,现场要考考你们",汪洋在会议现场给官员出历史题,他先念了一份名单:"傅以渐、王式丹、林召棠、王云锦、刘福姚、刘春霖。你们知道这 6 个人是干什么的吗?"

现场沉默。汪洋说:"我估计你们都不知道。"他接着念第二份:"洪秀全、顾炎武、吴敬梓、蒲松龄、金圣叹、黄宗羲。"

这时,现场有不少回应,汪洋笑语:"我估计你们都知道。"

"第一份名单写的全是清朝的科举状元,你们可能一个都记不住;第二份名单全是清朝的落第秀才,但大家都认识",汪洋对官员们总结说:"一个人能被后人记住,不是你做多大的官,是看你做多大的事,你做了什么事。"

下面简要介绍一下本书的主角斯图姆(Sturm,Charles-Francois,1803—1855),瑞士数学家、物理学家,生于瑞士日内瓦,卒于法国巴黎。曾在日内瓦高等专科学校(Geneva Academy)攻读,1823 年到日内瓦附近的科佩堡(Châteauof Coppet)当家庭教师。随后投身于巴黎科学界。在巴黎大学和法兰西学院向安培、柯西等人学习过物理、数学,与傅里叶、阿拉哥(Arago)等人也有交往。1827 年,他同柯拉登(Colladon)因研究液体的压缩而获得巴黎科学院奖金,并被任命为安培的助手。1829 年担任《科学与工业通报》(*Bulletin des Sciences et de l'industrie*)的数学主编。1840 年,成为巴黎理工科大学分析和力学教授,还受聘为巴黎理学院力学教授。先后被选为柏林科学院(1835)、彼得堡科学院(1836)、巴黎科学院(1836)院士,英国皇家学会会员(1840)。1840 年获得皇家学会科普利(Copley)奖章。斯图姆在代数方程论、微分方程论、微分几何学等方面都有所贡献。1829 年,他向巴黎科学院提交了论文"论数字方程解"(*Mémoire sur la résolution des équations numériques*),其中深入地讨论了代数方程的根的隔离,提出了有名的斯图姆定理,也称为斯图姆判别法:设 $f(x)=0$ 为区间 (a,b) 内的无重根的方程,方程的系数以及 a,b 皆为实数。作斯图姆函数序列 $f(x)$, $f'(x)$, $f_1(x)$, $f_2(x)$, $\cdots$, $f_m(x)=$ 常数,此处 $f'(x)$ 为 $f(x)$ 的导数,$f_1(x)$ 为以 $f'(x)$ 除 $f(x)$ 所得的余式,但取相反符号,$f_2(x)$ 为以 $f_1(x)$ 除 $f'(x)$ 所得的余式,取相反符号,依此类推,$f_m(x)$ 为最后的余式,等于常数。然后算出数列 $f(a)$, $f'(a)$, $f_1(a)$, $f_2(a)$, $\cdots$, f_m 中符号变换(即由"十"变至"一",以及其逆)的次数 A,以及数列 $f(b)$, $f'(b)$, $f_1(b)$, $f_2(b)$, $\cdots$, $f_m(x)$ 中符号变换的次数 B,最后,差

值 $A-B$ 即等于方程 $f(x)=0$ 在区间 (a,b) 中的实根的个数。1933 年,斯图姆撰写了关于微分方程的一篇著名论文,文中研究了形如 $L\dfrac{\mathrm{d}^2V}{\mathrm{d}x^2}+M\dfrac{\mathrm{d}V}{\mathrm{d}x}+N\cdot V=0$ 的方程,其中 L,M 和 N 是 x 的连续函数,V 为未知函数。此外,斯图姆也写过许多力学和分析力学论文。其《力学教程》(Cours de mécanique,1861)和《分析教程》(Cours d'analyse,1857~1859)在半个世纪内被视为经典之作。

自主招生对大城市重点校学生有利,对农村学生及普通校的学生不利,表面上看是视野的原因,根本上说是体制的原因。日本作家村上春树有高墙与鸡蛋之喻,他表示要站在鸡蛋一边。在现实中,我们大部分人都会选择高墙。而我们今天的大学,基本上也成了"高墙"的一部分,并以为既有体制提供"人力资源"为第一要务,而非以培养出具价值意识和反思意识的公民为本。

在二元体制格局下,农村考生为脱离生存地,拼命复习高考中大概率出现的内容。对自主招生考试中这样需要更高数学素养、更广泛数学阅读、更高层次数学视野的东西无缘相见,即便相见也无暇顾及。这也正是本书出版的意义之一。

20 世纪初,赵缭(负沉)在上海编《数学辞典》,交群益书局出版,老板给了他一笔钱。他用这钱为儿女买了玩具,他说:"人世间的事,原是玩玩而已,玩来的尽可玩去。"

这或许应该是我们做书的态度。

刘培杰
2017 年 5 月 8 日
于哈工大

⊙ 目 录

引　言

第
0
章

在 2012 年"华约"自主招生考试中有一道令中学师生感到困难的试题：

试题 1　请证明：方程 $1+x+\dfrac{x^2}{2!}+\dfrac{x^3}{3!}+\cdots+\dfrac{x^n}{n!}=0$ 在 n 为偶数时没有实数根，在 n 为奇数时有且仅有一个实数根。

其实这是一道大学考研题目，最早出现于1983年四川师范学院招收硕士学位研究生的试题中。近年来又在大学生数学竞赛试题中出现，如 2008 年浙江省大学生高等数学竞赛试题中。其实类似的试题在各国的数学试题中都出现过，如 1976 年苏联大学生数学竞赛试题、《美国数学月刊》征解问题，最早甚至可以追溯到 20 世纪

20 年代的德国数学文献中。所以说，这不是一道新题，但这是一道好题。

为了加深对此类试题的理解，下章再给出三种不同的解答，并介绍相应的背景知识以及提出几个相似问题和一个研究问题供读者进行深入探讨，使高等数学的思想与方法更好地渗透到中学数学中去。

试题 1 的三个不同证法

第

1

章

证法 1　我们先来证明两个简单的引理。

引理 1　设函数值 $f(a)$ 与 $f(b)$ 异于 0，则按 $f(a)$ 与 $f(b)$ 同号或异号，区间 $a < x < b$ 分别包含 $f(x)$ 的偶数个或奇数个零点。

证明　因为 $f(x)$ 是解析函数，所以区间 (a,b) 只能含有有限个零点。当经过一个零点时，按此零点的重数分别为偶数或奇数，$f(x)$ 的符号改变或不改变。

注　解析函数这个概念可能中学师生不易理解，换成可导函数或连续函数均可，对本题来讲只要是多项式函数即可。

引理 2　设 a 和 b 为 $f(x)$ 的相邻的两个零点 $(f(a)=f(b)=0$，对 $a<x<b$，$f(x)\neq 0)$，则导数 $f'(x)$ 在区间 $a<x<b$ 内有奇数个零点（从而至少有一个零点）。

证明　取 $\varepsilon>0$，ε 充分小，有

$$f(a+\varepsilon)=f(a+\varepsilon)-f(a)=\varepsilon f'(a+\varepsilon_1)$$
$$(0<\varepsilon_1<\varepsilon)$$
$$-f(b-\varepsilon)=f(b)-f(b-\varepsilon)=\varepsilon f'(b-\varepsilon_2)$$
$$(0<\varepsilon_2<\varepsilon)$$

从　　　$\operatorname{sgn} f(a+\varepsilon)=\operatorname{sgn} f(b-\varepsilon)\neq 0$

可推出

$$\operatorname{sgn} f'(a+\varepsilon_1)=-\operatorname{sgn} f'(b-\varepsilon_2)\neq 0$$

对 $f'(x)$ 在区间 $(a+\varepsilon_1,b-\varepsilon_2)$ 内应用引理 1 得证。

下面我们来证明试题 1。

证法 1　只要证明

$$1+\frac{x}{1!}+\frac{x^2}{2!}+\frac{x^3}{3!}+\cdots+\frac{x^n}{n!}=f_n(x)$$

没有两个相邻负零点即可。倘若 a 和 b 为相邻负零点，则将有

$$f_n(a)=f'_n(a)+\frac{a^n}{n!}=0$$

$$f_n(b)=f'_n(b)+\frac{b^n}{n!}=0$$

$$\operatorname{sgn} f'_n(a)=\operatorname{sgn} f'_n(b)\neq 0$$

由引理 1，$f'_n(x)$ 在区间 $a<x<b$ 内将有偶数个零点。而按引理 2，$f'_n(x)$ 在区间 $a<x<b$ 内将有奇数个零点。矛盾。

这种证明由来已久，早在 20 世纪初的德国就出现了。下面的证法依赖于罗尔（Rolle）定理。

4

证法 2　用数学归纳法证明：

（1）当 $n=1,2$ 时，结论显然成立；

（2）现在假定 $n=k$ 时结论成立。

当 $k=2m$ 时，由 $f_{k+1}(x)=1+x+\dfrac{x^2}{2!}+\cdots+\dfrac{x^{k+1}}{(k+1)!}$ 易知 $f'_{k+1}(x)=f_k(x)$，由于 $f_k(x)=0$ 无实根，故 $f'_{k+1}(x)>0$（或 <0）。注意到 $f_k(x)$ 的最高次幂项 x^{2m} 的系数为正，故 $f'_{k+1}(x)>0$。这说明 $f_{k+1}(x)$ 是递增的。而 $f_{k+1}(x)$ 是奇次多项式，故 $f_{k+1}(x)=0$ 只有一个实根。

当 $k=2m+1$ 时，即 $k+1=2(m+1)$，而 $f_{k+1}(x)$ 是偶次多项式，它在 $[0,+\infty)$ 上无实根。

当 $x<0$ 时，由

$$\lim_{x\to-\infty}f_{k+1}(x)=+\infty, f_{k+1}(0)=1$$

可知，若 $f_{k+1}(x)$ 在 $(-\infty,0)$ 上有零点，其个数必为偶数。因为 $f'_{k+1}(x)=f_k(x)$ 是奇次多项式，所以根据罗尔定理以及归纳法的假设可知，存在 $\xi\in(-\infty,+\infty)$ 使得 $f_k(\xi)=0$，由此我们有

$$f_{k+1}(\xi)-f_k(\xi)=\frac{\xi^{k+1}}{(k+1)!}\quad (k+1 \text{ 是偶数})$$

这说明 $f_{k+1}(\xi)>0$，而 $f_{k+1}(x)$ 在极小值点上的值为正，从而有 $f_{k+1}(x)\neq0, x\in(-\infty,0)$。

证法 3　依赖于函数的级数展开。

如果 $p(x)$ 是一个多项式函数，即

$$p(x)=a_0+a_1x+\cdots+a_nx^n$$

那么对于任何数 $x,p(x)$ 都能够容易地计算出来。但对于像 e^x 这样的函数来讲，计算其函数值就很不方便。由于 $e^x=\ln^{-1}(x)$，所以我们必须对于 a 的许多值

算出 $\ln a$，直到我们找出一个数 a，使 $\ln a$ 近似地等于 x 为止。这时 a 就近似地等于 e^x。所以我们想办法将 e^x 的计算转化为多项式函数的计算。

假设
$$p(x) = a_0 + a_1 x + \cdots + a_n x^n \qquad ①$$
我们注意到系数 a_i 能用 p 及其各阶导数在 0 处的值来表示。首先，我们注意到 $p(0) = a_0$，对式 ① 两边求导得
$$p'(x) = a_1 + 2a_2 x + \cdots + na_n x^{n-1}$$
所以
$$p'(0) = p^{(1)}(0) = a_1$$
两端再次求导，得
$$p''(x) = 2a_2 + 3 \times 2a_3 x + \cdots + n(n-1)a_n x^{n-2}$$
所以
$$p''(0) = p^{(2)}(0) = 2a_2$$

一般的，我们有
$$p^{(k)}(0) = k!a_k \ \text{或} \ a_k = \frac{p^{(k)}(0)}{k!}$$
如果我们约定 $0! = 1, p^{(0)} = p$，那么此公式对 $k = 0$ 也成立。

这样我们就可以用一个多项式函数来近似地代替一个不易计算的函数。

因为对于所有的 k，有
$$\exp^{(k)}(0) = \exp(0) = 1$$
所以
$$\mathrm{e}^x = 1 + \frac{x}{1!} + \frac{x^2}{2!} + \frac{x^3}{3!} + \cdots + \frac{x^n}{n!} + \cdots$$
当我们要计算近似值时，就可以取前 $n+1$ 项
$$f_n(x) = 1 + \frac{x}{1!} + \frac{x^2}{2!} + \frac{x^3}{3!} + \cdots + \frac{x^n}{n!}$$
这就是我们这个试题出现的背景。

6

下面我们就利用 e^x 的级数展开给出证明。

《美国数学月刊》的一道征解问题为：

试题 2　多项式

$$p(x) = 1 + x + \frac{x^2}{2!} + \cdots + \frac{x^{2n}}{(2n)!}$$

没有实根。

证明　若 $p(x)$ 有实根 y，则由于 $p(x)$ 的常数项不为 0，各项系数为正知 $y < 0$。设 $y = -z (z > 0)$，因而有

$$0 = p(-z) = 1 - z + \frac{z^2}{2!} - \frac{z^3}{3!} + \cdots + \frac{z^{2n}}{(2n)!}$$

$$(e^{-z^2} > 0)$$

这是矛盾的。从而 $p(x)$ 无实根。

这种方法高等数学的味道更重一些。

斯图姆定理详论

第 2 章

1　斯图姆定理

　　现在回到关于实系数多项式 $f(x)$ 的实根个数的问题。我们不但注意到实数根的总数，亦分别注意到正实根数和负实根数一般地要求出在已给出的界限 a 和 b 间的根的个数。

　　对这个问题的最早的令人满意的解答是斯图姆（Sturm）[①]1829 年给出的，尽管有点不精巧。在叙述相应的定理及其证明之前先引入一些必要的定义。

---

① 斯图姆（Sturm，Charles-Francois，1803—1855），瑞士数学家。

设想给出了一组顺序一定的实数,例如

$$5,-6,-4,1$$

我们可以看出这一组数的符号依次排列如下

$$+,-,-,+$$

并可以看出这些符号间变化两次:一次是由第一个正号变成第二个负号;另一次是由第三个负号变成最后的正号,换句话说,已给的数组中含有两个变号。对于任何不含零的有限个实数组自然都可以算出它的变号数目。再以

$$5,-8,1,-4,2,-5,-2$$

为例,即可知这个数组含有五个变号数。

现在我们引进数组变号数的概念如下:

定义 1　设 $S=[c_1,c_2,\cdots,c_m]$ 是一个非零实数的有限序列,则它的变号数 $V(S)$ 定义为集合 $\{c_ic_{i+1}|1\leqslant i\leqslant m-1\}$ 中的负数个数。

利用符号函数 $\mathrm{sgn}(x)$[①],变号数可以便利地表示为:$V(S)=\sum\limits_{i=1}^{m-1}\dfrac{1-\mathrm{sgn}(c_ic_{i+1})}{2}$。

如果数列 S 含有零,则把 $V(S)$ 理解为从 S 中删除零后得到的数列 S' 中的变号数。例如,$V([1,0,2,0,-3,4,0,0,-2])=V([1,2,-3,4,-2])=3$。

容易验证,非零实数的序列 $S=[c_1,c_2,\cdots,c_m]$ 的变号数具有如下性质:

(1) 对于任何非零实数 a,则 $V([c_1,c_2,\cdots,c_m])=V([ac_1,ac_2,\cdots,ac_m])$。

---

① $\mathrm{sgn}(x)$ 表示数 x 的符号,称数 x 的符号函数。它是这样定义的:$x>0,\mathrm{sgn}(x)=1$;$x=0,\mathrm{sgn}(x)=0$;$x<0,\mathrm{sgn}(x)=-1$。

(2) 若 $c_i c_{i+1} < 0$，则 $V([c_1, c_2, \cdots, c_i, a, c_{i+1}, c_m]) = V([ac_1, ac_2, \cdots, ac_m])$。

今后，不失一般性总假定我们所讨论的实系数多项式没有重根，这件事总是可以办到的。①

定义 2　非零实系数多项式的有限序列

$$f_0(x) = f(x), f_1(x), \cdots, f_s(x) \qquad ①$$

叫作关于多项式 $f(x)$ 在闭区间 $[a,b](a \leqslant x \leqslant b)$ 上的斯图姆组（或斯图姆序列），如果下述条件成立：

(1) 实数 a,b 不是多项式 $f(x)$ 的根：$f_0(a)$ $f_0(b) \neq 0$；

(2) 最后一个多项式 $f_s(x)$ 在 $[a,b]$ 上没有根；

(3) 如果组 ① 中间的某个多项式 $f_k(x)(1 \leqslant k \leqslant s-1)$ 有根 $c \in [a,b]$，则 $f_k(x)$ 的相邻两个多项式在 c 处必有相反的符号：$f_{k-1}(c) f_{k+1}(c) < 0$；

(4) 如果 $c \in [a,b]$ 是 $f(x)$ 的根，那么乘积 $f_0(x) f_1(x)$ 在 $x = c$ 处为增函数；换句话说，当 x 递增经过点 c 时这一乘积从负号变到正号。

我们指出斯图姆组 ① 中的两个相邻多项式在 $[a, b]$ 上没有共同的根：如果 $f_{k-1}(c) = f_k(c) = 0, k \geqslant 1$，那么 $f_{k-1}(c) = f_k(c) = 0$，与条件(3)矛盾。

关于是否每一个多项式都有斯图姆组的问题将在后面讨论，现在假定 $f(x)$ 有斯图姆组，我们证明：

它可以用来求出实根的个数。

为简单起见，记

---

① 对任何多项式 $f(x)$，多项式 $\dfrac{f(x)}{(f(x), f'(x))}$ 总是设有重根的，这里 $f'(x)$ 是 $f(x)$ 的导数。

$$V_c = V_c(f) = V([f_0(c), f_1(c), \cdots, f_s(c)]), c \in [a, b]$$

下面的定理是我们本段的主要目的,它把实系数多项式实根个数的问题归结为斯图姆组变号数的问题。

定理 1(斯图姆)　次数为 $n \geqslant 1$ 的实多项式 $f(x)$ 在开区间 (a, b) 上的根的数目等于差 $V_a - V_b$,其中 V_a, V_b 对应于任一固定的斯图姆组 ①。

证明　我们来研究动点 c 从 a 逐渐向 b 增大的过程中 V_c 的变化。把区间 (a, b) 内的点分成三类:

第一类点:不是斯图姆组 ① 中任何多项式的根,这是大多数的点;

第二类点:是斯图姆组 ① 中间任何多项式 $f_i(x)(1 \leqslant i \leqslant s-1)$ 的根,但不是 $f_0(x) = f(x)$ 的根;

第三类点:是 $f_0(x) = f(x)$ 的根。

下面将证明当 c 经过第一类、第二类点时,V_c 不变;只有经过一个第三类点时,V_c 才会减掉 1。如此,我们的定理就证明了。

设斯图姆组 ① 的多项式在 $[a, b]$ 中的相异实根的全体(如果有的话)把闭区间 $[a, b]$ 分成一些子区间 (a_j, a_{j+1}),满足 $a = a_0 < a_1 < \cdots < a_m = b$,在这些子开区间中任何多项式 $f_i(x)(0 \leqslant i \leqslant s)$ 都没有根。我们将比较对应于不同的点 $c \in (a_j, a_{j+1})$ 的值 V_c。

开始取 $c \in (u_0, u_1)$,那么 $f_0(x), f_1(x), \cdots, f_s(x)$ 在 (a_0, c) 中都没有根。根据定理 1,$f_i(a_0)$ 与 $f_i(c)$ $(0 \leqslant i \leqslant s)$ 不可能异号,故 $f_i(a_0)f_i(c) \geqslant 0$。这时分两种情况:

(1) 对于一切 i,$f_i(a_0) \neq 0$,则有 $f_i(a_0)f_i(c) > 0$,由此推出 $V_{a_0} = V_c$;

11

（2）若对于某个 k，$f_k(a_0)=0$，则根据斯图姆组的性质（1）（2）必有 $k\neq 0,s$。根据性质（3），我们有 $f_{k-1}(a_0)f_{k+1}(a_0)<0$。同时，$f_{k-1}(x)$ 和 $f_{k+1}(x)$ 在 (a_0,c) 中没有根，所以由定理 1，$f_{k-1}(a_0)f_{k-1}(c)>0$ 且 $f_{k+1}(a_0)f_{k+1}(c)>0$。这表明 $f_{k-1}(c)f_{k+1}(c)<0$。我们得到下述结论：在计算 V_{a_0} 和 V_c 时，子序列 $f_{k-1}(a_0),0,f_{k+1}(a_0)$ 和 $f_{k-1}(c),f_k(c),f_{k+1}(c)$ 不依赖于 $f_k(c)$ 的值而具有同样的作用（都给出一次变号）。这件事对于一切使 $f_k(a_0)=0$ 的 k 成立，因此 $V_{a_0}=V_c$。类似的讨论适用于另一个边缘开区间中的点 $c\in(a_{m-1},a_m)$，则 $V_c=V_{a_m}$。

现在设 $c\in(a_{j-1},a_j)$，$c'\in(a_j,a_{j+1})$（$1<j<m-1$）是两个相邻的开区间中的点（图 1）。与上述相同的讨论将指出，若 $f(a_j)\neq 0$，则 $V_c=V_{c'}$，因此

$$(V_c=V_{a_j}=V_{c'})$$

图 1

在 $f_0(a_j)=f(a_j)=0$ 的情况下，第一次出现差别。事实上，根据条件（4）我们有，$f_0(c)f_1(c)<0$ 和 $f_0(c')f_1(c')>0$，即在子序列 $f_0(c),f_1(c)$ 中有一次变号而在子序列 $f_0(c'),f_1(c')$ 中无变号。同时，我们前面的讨论表明，对于 $k>1$，在子序列 $f_{k-1}(c)$，$f_k(c),f_{k+1}(c)$ 和 $f_{k-1}(c'),f_k(c'),f_{k+1}(c')$ 中的变号数是一样的，于是若 $f(a_j)=0$，则 $V_c-V_{c'}=1$。

固定点 $c_k\in(a_{k-1},a_k)$，$1\leqslant k\leqslant m$，并写出恒等式

$$V_a-V_b=(V_a-V_{c_1})+\sum_{k=1}^{m-1}(V_{c_k}-V_{c_{k+1}})+(V_{c_m}-V_b)$$

已知两端括号中的表达式等于零，同时

12

$$V_{c_k} - V_{c_{k+1}} = \begin{cases} 0, 若\ f(a_k) \neq 0 \\ 1, 若\ f(a_k) = 0 \end{cases}$$

在闭区间 $[a,b]$ 中多项式 $f(x)$ 没有其他的根（根据假设，斯图姆组的多项式的全部根都落在点 $a_1, a_2, \cdots, a_m$ 上）。求和之后得知差 $V_a - V_b$ 等于多项式 $f(x)$ 在开区间 (a,b) 内的根的数目。

现在再来证明，没有重根的每一个实系数多项式 $f(x)$ 都有斯图姆组。有多种方法可以构造这种组，最常用的是所谓标准斯图姆组，它可用多项式的欧几里得算法稍加改变得到。取 $f_1(x) = f'(x)$，然后用 $f_1(x)$ 来除 $f(x)$ 且把它的余式变号，取作 $f_2(x)$，则

$$f(x) = f_1(x)q_1(x) - f_2(x)$$

一般的，如果多项式 $f_{k-1}(x)$ 和 $f_k(x)$ 已经求得，那么 $f_{k+1}(x)$ 是用 $f_k(x)$ 来除 $f_{k-1}(x)$ 所得的余式变号后的多项式

$$f_{k-1}(x) = f_k(x)q_k(x) - f_{k+1}(x)$$

这里所说的方法和用于多项式 $f(x)$ 和 $f'(x)$ 的欧几里得演算所不同的，只是对于每一个余式都要变号，而在后一步的除法中要用前一步变号后的余式来除。因为在求出最大公因式时，这种变号是没有关系的，所以我们的方法所得出的最后余式 $f_s(x)$ 仍是多项式 $f(x)$ 和 $f'(x)$ 的最大公因式，而且由于 $f(x)$ 没有重根，也就是，$f(x)$ 和 $f'(x)$ 互素，因而实际上，$f_s(x)$ 是某一个不为零的实数（零次多项式）。

定理 2　上述构造的函数组

$$f_0(x) = f(x), f_1(x) = f'(x), f_2(x), \cdots, f_s(x)\ ②$$

是斯图姆组。

证明　根据假定，性质（1）成立，而性质（2）从

$f_s(x) = \mathrm{const} \neq 0$ 推出。若 $f_k(c) = 0$，则由"$f_{k-1}(x) = f_k(x)q_k(x) - f_{k+1}(x)$"可见，$f_{k-1}(c)f_{k+1}(c) \leqslant 0$ 并且 $f_{k+1}(c) = 0$ 当且仅当 $f_{k-1}(c) = 0$。

若是如此，则 $0 = f_{k-1}(c) = f_k(c) = f_{k+1}(c) = f_{k+2}(c) = \cdots$ 与 $f_s(x) \neq 0$ 矛盾。于是 $f_{k-1}(c)f_{k+1}(c) < 0$，得到性质(3)。最后，假定对于某点 $c \in [a,b]$，$f_0(c) = 0$。那么 $f_0(x) = (x-c)q(x)$，$q(c) \neq 0$ 且

$$f_0(x)f_1(x) = (x-c)[q^2(x) + (x-c)q(x)q'(x)]$$
$$= (x-c)g(x)$$

其中 $g(x) = q^2(x) + (x-c)q(x)q'(x)$。我们有 $g(c) = q^2(c) > 0$，从而在点 c 的小邻域 $(c-\delta, c+\delta)$ 上 $g(x)$ 取正值[①]。这时乘积 $f_0(x)f_1(x)$ 与因子 $x-c$ 一样，当 x 递增经过 c 时，从负号变为正号。于是，函数组 ② 具有性质(4)。

注 1 由函数组 ② 逐项乘以正的常数 λ_1，$\lambda_2, \cdots, \lambda_s$ 得到的函数组

$$\lambda_0 f_0(x), \lambda_1 f_1(x), \lambda_2 f_2(x), \cdots, \lambda_s f_s(x)$$

也是斯图姆组(这是因为关于斯图姆组，我们只关心多项式的符号，所以允许用正的常数来乘)。我们把它叫

---

① 若 $g(x)$ 无实根，则结论自不待言。若不然设多项式 $g(x)$ 有 k 个相异的实根：$a_1 < a_2 < \cdots < a_k$，它们把区间 $(-\infty, +\infty)$ 分成一些子开区间 $(-\infty, a_1), (a_1, a_2), \cdots, (a_{k-1}, a_k), (a_k, +\infty)$，这时 c 必落入某个子开区间例如 (a_j, a_{j+1}) 中，取 δ 为 $\dfrac{a_{j+1}-c}{2}$ 与 $\dfrac{c-a_j}{2}$ 中较小的一个，则 $(c-\delta, c+\delta) \subset (a_j, a_{j+1})$，因在 $(c-\delta, c)$ 内 $g(x)$ 无实根，由零点定理(定理 1)知 $g(c-\delta)g(c) > 0$，而 $g(c) > 0$，故 $g(c-\delta) > 0$，类似的可知 $g(c+\delta) > 0$。对于 $(c-\delta, c+\delta)$ 中的任一 x，由于同样的理由 $g(c-\delta)g(x) > 0, g(x)g(c+\delta) > 0$，故最后 $g(x) > 0$。

作几乎标准斯图姆组。这种斯图姆组对于计算有用。

注 2　$f(x)$ 没有重根的条件对于不同实根的数目是非本质的,如标准斯图姆组的构造所示,可以把 $f_k(x)$ 转换为 $g_k(x) = \dfrac{f_k(x)}{f_s(x)}(0 \leqslant k \leqslant s)$,并注意到 $V_c(g) = V_c(f)$。

注 3　据说,斯图姆本人常常这样来表达对于自己(确实卓越的)成就的自豪感,在给学生讲述了证明之后补充道"这就是以我的名字命名的定理"。

我们来看几个例子。

例 1　$f(x) = x^3 + 3x - 1$。首先,$f_1(x) = f'(x) = 3x^2 + 3$;其次,$f(x) = (3x^2 + 3)\dfrac{1}{3}x + 2x - 1$,于是 $f_2(x) = -2x + 1$;再次,$3x^2 + 3 = (-2x + 1) \cdot (-\dfrac{3}{2}x - \dfrac{3}{4}) + \dfrac{15}{4}$,从而 $f_3(x) = f'(x) = -\dfrac{15}{4}$。根据注记 1,可取

$$x^3 + 3x - 1, x^2 + 1, -2x + 1, 1$$

为斯图姆组。编制最高次项符号的表格:

	x^3	$3x^2$	$-2x$	-1	V
$x = -M$	$-$	$+$	$+$	$-$	2
$x = -M$	$+$	$+$	$-$	$-$	1

我们得到 $V_{-M} - V_M = 1$,即 $x^3 + 3x - 1$ 有一个实根。

例 2　$f(x) = x^3 + 3x^2 - 1$。易见,$f(x)$ 具有形如

$$x^3 + 3x^2 - 1, 3x^2 + 6x, 2x + 1, 1$$

的标准斯图姆组,而最高次项的符号表示是:

	x^3	$3x^2$	$2x$	1	V
$x = -M$	$-$	$+$	$-$	$+$	3
$x = -M$	$+$	$+$	$+$	$+$	0

我们得到结论，$f(x)$ 有三个实根：$V_{-M}-V_M=3$。

例 3 $f(x)=1+x+\dfrac{1}{2!}x^2+\cdots+\dfrac{1}{n!}x^n$（截断指数函数）。容易判断，这个多项式如果有实根，则它必位于 $(-M,-\delta)$ 之内，其中 $\delta>0$ 是充分小的实数（M 是充分大的正数）。可以取三个多项式

$$f_0(x)=f(x)$$

$$f_1(x)=f'(x)=1+x+\frac{1}{2!}x^2+\cdots+\frac{1}{(n-1)!}x^{n-1}$$

$$f_2(x)=-\frac{1}{n!}x^n\,(=-f(x)+f'(x))$$

为闭区间 $[-M,-\delta]$ 上的非标准斯图姆组（验证性质 (1)—(4) 成立）。从符号表：

	$f_0(x)$	$f_1(x)$	$f_2(x)$	V
$-M$	$(-1)^n$	$(-1)^{n-1}$	$(-1)^{n-1}$	1
δ	$+$	$+$	$(-1)^{n-1}$	$\dfrac{1+(-1)^n}{2}$

看到，对于偶数 n，$f(x)$ 没有实根，而当 n 为奇数时有一个负根（易见，此根随着 $n=2m+1$ 的增加而趋于 $-\infty$）。

为了应用斯图姆定理来求出多项式 $f(x)$ 的实根总数，只要取它的负根下限来作为 a，正根上限来作为 b。但亦可施行下面的简法。有适当大的正数 N 存在，使当 $|x|>N$ 时，斯图姆组中所有多项式的符号都同它们的首项符号一样。换句话说，未知量 x 有很大的正值存在，使斯图姆组中各多项式对应于这个值的符号都和首项系数的符号相同；没有必要去计算这个 x 的值，我们约定用符号 $+\infty$ 来记它。

另一方面，有绝对值很大的负值 x 存在，使斯图姆

组中各多项式对应于这个值的符号。对于偶次多项式和它的首项系数的符号相同，而对于奇次多项式和它的首项系数的符号相反，约定用 $-\infty$ 来记多个 x 的值。在区间 $(-\infty, +\infty)$ 中，很明显的含有斯图姆组所有多项式的全部实根，特别的含有多项式 $f(x)$ 的所有实根。应用斯图姆定理到这一个区间，我们可以求出 $f(x)$ 所有实根的个数，又应用斯图姆定理到区间 $(-\infty, 0)$ 和 $(0, +\infty)$ 各个多项式 $f(x)$ 的负根个数和正根个数。

2　斯图姆定理的几何解释

表面上如此矫揉造作的斯图姆定理，可以完全由直观的几何观点得到解释。

先让我们来定义一个几何图形上的概念 ——"多项式对"的特征数。我们知道，多项式 $f(x)$ 的实根的几何意义就是代表 $f(x)$ 的曲线与 x 轴的交点。今考虑两个多项式 $f_0(x)$，$f_1(x)$ 的曲线所构成的图形，并设 $f_0(x)$ 与 $f_1(x)$ 没有公共根。图 2 中的实曲线代表 $f_0(x)$ 的曲线，虚曲线代表 $f_1(x)$ 的曲线。这两个曲线把平面分成三个部分：曲线上方部分，曲线下方部分以及两曲线之间（有阴影）的部分。$f_0(x)$ 的曲线及 $f_1(x)$ 的曲线与 x 轴的交点就是各自的实根。

现在设 a, b 不是 $f_0(x)$，$f_1(x)$ 的根，且分别用点 A, B 表示。设想有一动点，自点 A 向右移动到 B。显然它将通过表示 $f_1(x)$ 及 $f_0(x)$ 的根的那些点，并且就在这些点处进入阴影部分或穿出阴影部分。我们把

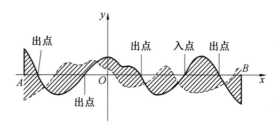

图 2

进入阴影部分的那些点称为入点,穿出阴影部分的那些点称为出点。由于 $f_0(x)$ 与 $f_1(x)$ 没有公共根,故不可能有既是入点又是出点的那种点。现在可以定义多项式对的特征数这一概念了。

属于多项式 $f_0(x)$ 的图形并且位于 A 与 B 之间的出点个数和入点个数的差,叫作多项式对 $f_0(x)$ 与 $f_1(x)$ 在 (a,b) 上的特征数。

多项式对的特征数一定是整数。$f_0(x)$ 与 $f_1(x)$ 的特征数我们用记号 $\{f_0(x),f_1(x)\}$ 来表示。就图 2 的情形而言,$\{f_0(x),f_1(x)\}=4-1=3$。

显然数值 $\{f_0(x),f_1(x)\}$ 与点 A,B 确定的范围有关,且与 $f_0(x),f_1(x)$ 的先后次序有关。因为我们在求 $\{f_0(x),f_1(x)\}$ 时,仅考虑属于 $f_0(x)$ 的图形上的出点和入点。例如在图 2 中 $f_1(x)$ 与 $f_0(x)$ 的特征数 $\{f_1(x),f_0(x)\}=1-4=-3$。但是我们可以证明 $\{f_1(x),f_0(x)\}$ 与 $\{f_0(x),f_1(x)\}$ 有一个简单关系存在。

为此,以 p_0,q_0 表示属于 $f_0(x)$ 图形上的出点和入点的个数,以 p_1,q_1 表示属于 $f_1(x)$ 图形上的出点和入点的个数,则 p_0+p_1 就是整个图形上的总的出点个数,q_0+q_1 为总的入点个数。很明显地有下列三种

18

情况：

1. 如果开始时点 A 在阴影里（外）面，点 B 亦在阴影里（外）面，则有一出（入）点，必有一入（出）点，故总的出、入点相等，即 $p_0 + p_1 = q_0 + q_1$。

2. 如果点 A 在阴影里面而点 B 在阴影外面，则整个图形上的出点个数比入点个数多 1，即 $p_0 + p_1 = q_0 + q_1 + 1$。

3. 如果点 A 在阴影外面，而点 B 在阴影里面，则整个图形上的出点个数比入点个数少 1，即 $p_0 + p_1 = q_0 + q_1 - 1$。

不论何种清况，总有关系式

$$p_0 + p_1 = q_0 + q_1 + e_1$$

或

$$(p_0 - q_0) + (p_1 - q_1) = e_1$$

成立，这里 e_1 为 0，-1 或 1。

按定义，$p_0 - q_0$ 就是 $f_0(x)$ 与 $f_1(x)$ 的特征数 $\{f_0(x), f_1(x)\}$，而 $p_1 - q_1$ 就是 $f_1(x)$ 与 $f_0(x)$ 的特征数 $\{f_1(x), f_0(x)\}$，所以我们得到

$$\{f_0(x), f_1(x)\} + \{f_1(x), f_0(x)\} = e_1 \qquad ③$$

我们再来看看这个等式中的 e_1 代表什么？因为点 A 在阴影里面还是在阴影外面取决于多项式 $f_0(x)$ 与 $f_1(x)$ 在 $x = a$ 时的值是异号还是同号。同样，点 B 在阴影的里面还是外面依赖于 $f_0(x)$ 与 $f_1(x)$ 在 $x - b$ 时的值是异号还是同号。所以，e_1 就是序列 $[f_0(a), f_1(a)]$ 的变号数 m_1 与 $[f_0(b), f_1(b)]$ 的变号数 n_1 之差

$$e_1 = m_1 - n_1 \qquad ④$$

设 $f_0(x)$ 没有重根，如果能找到这样的多项式 $f_1(x)$，使得多项式对 $f_0(x)$，$f_1(x)$ 所构成的图形上

表示 $f_0(x)$ 的根的那些点全是出点,那么,$f_0(x)$ 的全部实根个数将等于特征数 $\{f_0(x), f_1(x)\}$。 例如,在下面的图 3 中,$f_0(x)$ 的根就全成了出点。让我们从图上来考察这时候 $f_1(x)$ 的图形应具有的规律。设 α 是 $f_0(x)$ 的一个根,我们这样来安置 $f_1(x)$ 的图形:

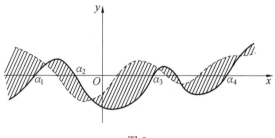

图 3

(1) 若 $f_0(x)$ 由小于零经 α 后大于零,即 $f_0(x)$ 在点 α 处为增函数时,使 $f_1(x)$ 的图形在点 α 处位于 x 轴的上方,即使 $f_1(\alpha) > 0$(如图 3 上的点 α_1),这样,α 就成了出点。

(2) 若 $f_0(x)$ 由大于零经 α 后小于零,即 $f_0(x)$ 在点 α 处为减函数时,使 $f_1(x)$ 的图形在点 α 处位于 x 轴的下方,即使 $f_1(\alpha) < 0$(如图 3 上的点 α_2),这样,α 也成了出点。

由 (1)(2) 知,只要取这样的 $f_1(x)$,当 $f_0(x)$ 在点 α 处递增时,$f_1(\alpha) > 0$;当 $f_0(x)$ 在点 α 处递减时,$f_1(\alpha) < 0$;容易想到 $f_0(x)$ 的一阶导数 $f_0{}'(x)$ 就具有这样的特点。 于是,若取 $f_1(x) = f_0{}'(x)$,则特征数 $\{f_0(x), f_0{}'(x)\}$ 就等于 $f_0(x)$ 的实根的个数。

以上是画出了 $f_0(x)$ 与 $f_0{}'(x)$ 的根,然后求 $\{f_0(x), f_0{}'(x)\}$,但是,我们的问题是要求 $f_0(x)$ 的实根个数,必须是在不知道根的情况下求出 $\{f_0(x)$,

$f_0{}'(x)\}$。

为此以 $f_0{}'(x)$ 除 $f_0(x)$，得
$$f_0(x) = f_0{}'(x)q_1(x) + r_1(x)$$

我们考虑这时候 $\{f_0(x), f_0{}'(x)\}$ 与 $\{f_1(x), r_1(x)\}$ 之间的关系。我们来证明：

定理 3　设 $f_0(x)$ 是没有重根的实系数多项式，$f_1(x)$ 是 $f_0(x)$ 的导数，且
$$f_0(x) = f_1(x)q_1(x) + r_1(x)$$
则
$$\{f_1(x), f_0(x)\} = \{f_1(x), r_1(x)\}$$

证明　令 β 是 $f_1(x)$ 的根，因 $f_0(x), f_1(x)$ 无公共根，所以 $f_0(\beta) = r_1(\beta) \neq 0$，可见 $f_0(x)$ 与 $r_1(x)$ 在点 β 分的邻域 $(\beta - \varepsilon, \beta + \varepsilon)$ 内位于 x 轴的同一侧，于是，若 β 在 $f_1(x), f_0(x)$ 所围成的图形上是出（入）点，则 β 在 $f_1(x), r_1(x)$ 所围成的图形上仍是出（入点）。又因在计算 $\{f_1(x), f_0(x)\}$ 及 $\{f_1(x), r_1(x)\}$ 时，都是按 $f_1(x)$ 的出点和入点个数计算的，所以有 $\{f_1(x), f_0(x)\} = \{f_1(x), r_1(x)\}$。

现在利用刚才所证明的定理来完成我们的计算——$\{f_0(x), f_1(x)\}$ 的值。首先根据(1) 有
$$\{f_0(x), f_1(x)\} = -\{f_1(x), f_0(x)\} + e_1$$
既然（按定理 3）
$$\{f_1(x), f_0(x)\} = \{f_1(x), r_1(x)\}$$
于是
$$\{f_0(x), f_1(x)\} = -\{f_1(x), r_1(x)\} + e_1 \qquad ⑤$$

再以 $r_1(x)$ 除 $f_1(x)$ 得余式 $r_2(x)$，即
$$f_1(x) = r_1(x)q_2(x) + r_2(x)$$
则同理可得 $\{f_1(x), r_1(x)\} = -\{r_1(x), r_2(x)\} + e_2$，

其中 e_2 具有与 e_1 同样的意义。

如此继续下去，由于 $f_0(x),f_1(x),r_1(x),$ $r_2(x),\cdots$ 的次数愈来愈低，故求 $\{f_0(x),f_1(x)\}$ 的问题基本上已解决了。但我们可以取更为完善的形式，把式 ⑤ 中的负号消去。

首先很明显有 $\{f_0(x),-f_1(x)\}=-\{f_0(x),$ $f_1(x)\}$。

在图 4 中可以看到，原来由 $f_0(x),f_1(x)$ 构成的图形上属于 $f_0(x)$ 的所有出点和入点，在 $f_0(x)$ 与 $-f_1(x)$ 所构成的图形上变成了入点和出点。因此，我们把 $r_1(x)$ 乘以 -1 后取作 $f_2(x)$，从而

$$f_0(x)=f_1(x)q_1(x)-f_2(x)$$

于是式 ⑤ 就转为

$$\{f_0(x),f_1(x)\}=\{f_1(x),f_2(x)\}+e_1 \qquad ⑥$$

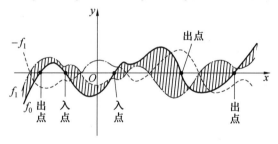

图 4

对 $f_1(x)$ 做同样的处理，即以 $f_2(x)$ 除 $f_1(x)$ 得余式 $r_2(x)$，把 $r_2(x)$ 乘以 -1 取作 $f_3(x)$，$\cdots\cdots$，即可得如下一串等式

$$f_0(x)=f_1(x)q_1(x)-f_2(x)$$
$$f_1(x)=f_2(x)q_2(x)-f_3(x)$$
$$\vdots$$

22

$$f_{s-2}(x) = f_{s-1}(x)q_{s-1}(x) - f_s(x)$$
$$f_{s-1}(x) = f_s(x)q_s(x)$$

如果假设了 $f_0(x)$ 没有重根，$f_1(x) = f_0{}'(x)$，则 $f_s(x)$ 为零次多项式，从而有

$$\begin{cases} \{f_0(x), f_1(x)\} = \{f_1(x), f_2(x)\} + e_1 \\ \{f_1(x), f_2(x)\} = \{f_2(x), f_3(x)\} + e_2 \\ \{f_{s-2}(x), f_{s-1}(x)\} = \{f_{s-1}(x), f_s(x)\} + e_{s-1} \\ \{f_{s-1}(x), f_s(x)\} = \{f_s(x), 0\} + e_s \end{cases} \quad ⑦$$

其中 e_i 表示 $f_{i-1}(a), f_i(a)$ 的变号数 m_i 与 $f_{i-1}(b)$，$f_i(b)$ 的变号数 n_i 之差 $m_i - n_i$。

又因为 $f_s(x)$ 没有实根，所以它与任何多项式的特征数均为零，特别的，$\{f_s(x), 0\} = 0$。所以 $\{f_{s-1}(x), f_s(x)\} = e_s$。式 ⑦ 依次向上代入得

$$\{f_0(x), f_1(x)\} = e_1 + e_2 + \cdots + e_{s-1} + e_s$$
$$= (m_1 - n_1) + (m_2 - n_2) + \cdots + (m_s - n_s)$$
$$= (m_1 + m_2 + \cdots + m_s) - (n_1 + n_2 + \cdots + n_s)$$

因 m_i 表示 $f_{i-1}(a), f_i(a)$ 的变号数，故 $m_1 + m_2 + \cdots + m_s$ 表示 $f_0(a), f_1(a), \cdots, f_s(a)$ 的变号数，即 $f_0(x)$ 的斯图姆序列在 $x = a$ 时的变号数 V_a。同理，$n_1 + n_2 + \cdots + n_s$ 表示 $f_0(b), f_1(b), \cdots, f_s(b)$ 的变号数，即 $f_0(x)$ 的斯图姆序列在 $x = b$ 时的变号数 V_b。所以 $\{f_0(x), f_1(x)\} = V_a - V_b$。这就是说，$f_0(x)$ 的实根个数等于 $V_a - V_b$，就是无重根的实系数多项式 $f_0(x)$ 与它的导数 $f'(x)$ 的特征数。

23

3　斯图姆-塔斯基[①]定理

现在来讲由塔斯基推广斯图姆定理而得到的一些结果,我们从下面的斯图姆-塔斯基序列开始。

用任意一个非零的实系数多项式 $g(x)$ 来替代标准斯图姆序列中的 $f'(x)$,如此将得到序列

$$
\begin{cases}
t_0(x) = f(x) \\
t_1(x) = g(x) \\
t_2(x) = -\operatorname{rem}(t_0(x), t_1(x)) \\
\quad\vdots \\
t_{k+1}(x) = -\operatorname{rem}(t_{k-1}(x), t_k(x))(\neq 0) \\
\quad\vdots \\
t_m(x) = -\operatorname{rem}(t_{m-2}(x), t_{m-1}(x))(\neq 0) \\
t_{m+1}(x) = -\operatorname{rem}(t_{m-1}(x), t_m(x)) = 0
\end{cases} \qquad ⑧
$$

记号 $\operatorname{rem}(f(x), g(x))$ 表示 $f(x)$ 除 $g(x)$ 的余式。

我们就把式 ⑧ 中的多项式序列 $t_0(x), t_1(x), \cdots, t_{m+1}(x)$ 称为 $f(x)$ 关于 $g(x)$ 的斯图姆-塔斯基序列,记作 $\operatorname{ST}(f(x), g(x))$。

为了简便起见,用记号

$$
V[\operatorname{ST}(f, g)]_a^b
$$
$$
= V_a(\operatorname{ST}(f(x), g(x))) - V_b(\operatorname{ST}(f(x), g(x)))
$$

来表示 $f(x)$ 关于 $g(x)$ 的斯图姆-塔斯基序列在 b, a 两处变号数的差值。

[①]　阿尔弗雷德·塔斯基(Alfred Tarski,1901—1983),美国籍波兰裔犹太逻辑学家和数学家。

关于斯图姆-塔斯基序列,我们有如下引理。

引理 1　设 $f(x),g(x)$ 是两个实系数多项式,并且 $f(x)$ 在区间 $[a,b]$ 上没有根,则 $f(x)$ 关于 $g(x)$ 的斯图姆-塔斯基序列在 a,b 两处的变号数的差为零,即

$$V_a(\mathrm{ST}(f(x),g(x)))-V_b(\mathrm{ST}(f(x),g(x)))=0$$

证明　设 $f(x)$ 关于 $g(x)$ 的斯图姆-塔斯基序列为

$$t_0(x)=f(x),t_1(x)=g(x),t_2(x),\cdots,t_m(x)$$

同时设

$$t_{i-1}(x)=q_i(x)t_i(x)-t_{i+1}(x),i=1,2,\cdots,m-1$$

首先指出 $t_m(x)$ 在 $[a,b]$ 上不能有根。这是因为 $t_m(x)$ 是 $f(x)$ 和 $g(x)$ 的一个最大公因式,同时区间 $[a,b]$ 上不含 $f(x)$ 的根。这样根据实数序列的变号数的第一个性质,对于 $[a,b]$ 上的任一点 c 均有

$$\begin{aligned}V_c(t_0(x),\cdots,t_m(x))&=V_c\left(\frac{t_1(x)}{t_m(c)},\cdots,\frac{t_m(x)}{t_m(c)}\right)\\&=V_c\left(\frac{t_1(x)}{t_m(x)},\cdots,\frac{t_m(x)}{t_m(x)}\right)\end{aligned}$$

如此,我们只要证明

$$V_a(\overline{t_0}(x),\cdots,\overline{t_m}(x))-V_b(\overline{t_0}(x),\cdots,\overline{t_m}(x))=0$$

就行了,这里 $\overline{t_i}(x)=\dfrac{t_i(x)}{t_m(x)},i=1,2,\cdots,m$。

为此,将区间 $[a,b]$ 分割成一系列区间的并

$$[a,b]=[a_0,a_1]\bigcup[a_1,a_2]\bigcup\cdots\bigcup[a_{h-1},a_h]\bigcup[a_h,a_{h+1}]$$

其中 $a_0=a,a_{h+1}=b$,并且这些区间的端点不是任一多项式 $\overline{t_i}(x)$ 的根;而 $[a_i,a_{i+1}](i=0,1,\cdots,m)$ 内至多含有序列 $\overline{t_0}(x),\cdots,\overline{t_m}(x)$ 的一个根,即某个多项式的一个根。这是可以做到的,因为这些多项式的根的全体

是有限的。

现在来考虑这些区间中的任一个：$[a_i,a_{i+1}]$。如果这个区间不含序列中任一多项式 $\bar{t}_j(x)(j=0,1,\cdots,m)$ 的根，则由于零点定理，$\bar{t}_j(a_i)\,\bar{t}_j(a_{i+1})>0$，这表明序列

$$\bar{t}_0(x),\cdots,\bar{t}_m(x)$$

在 a_i,a_{i+1} 两处变号数的差值等于零。

较为复杂的是另一个情形：设 $c\in[a_i,a_{i+1}]$ 是 $\bar{t}_j(x)$ 的根，则 $0<j<m$，并且 $\bar{t}_{j-1}(c)\,\bar{t}_{j+1}(c)\neq0$。事实上，若 $\bar{t}_{j-1}(c)=0$，则由

$$\bar{t}_{j-1}(c)=\bar{t}_j(c)=0$$

以及

$$\bar{t}_{j-2}(c)=q_{j-1}(c)\,\bar{t}_{j-1}(c)-\bar{t}_j(c)$$

可得到

$$\bar{t}_{j-2}(c)=0$$

依此类推，最后将得到

$$\bar{t}_0(c)=0$$

这与 $t_0(c)\neq0$ 相悖。同样 $\bar{t}_{j+1}(c)\neq0$。于是

$$\bar{t}_{j-1}(c)=q_j(c)\,\bar{t}_j(c)-\bar{t}_{j+1}(c)=-\bar{t}_{j+1}(c)$$

因而

$$\bar{t}_{j-1}(c)\,\bar{t}_{j+1}(c)<0$$

既然序列

$$t_0(x),\cdots,\bar{t}_m(x)$$

的每一个多项式在 $[a_i,a_{i+1}]$ 中不再有其他根，同前面一样，由于零点定理有

$$\bar{t}_{j-1}(a_i)\,\bar{t}_{j-1}(c)>0,\bar{t}_{j+1}(a_i)\,\bar{t}_{j+1}(c)>0$$

结合

26

$$\overline{t}_{j-1}(c)\,\overline{t}_{j+1}(c) < 0$$

得出

$$\overline{t}_{j-1}(a_i)\,\overline{t}_{j+1}(a_i) < 0$$

同样,我们亦能得到

$$\overline{t}_{j-1}(a_{i+1})\,\overline{t}_{j+1}(a_{i+1}) < 0$$

现在由于实数序列的变号数的第二个性质,有

$$V_{a_i}(\overline{t}_0(x),\cdots,\overline{t}_{j-1}(x),\overline{t}_j(x),\overline{t}_{j+1}(x),\cdots,\overline{t}_m(x))$$
$$= V_{a_i}(\overline{t}_0(x),\cdots,\overline{t}_{j-1}(x),\overline{t}_{j+1}(x),\cdots,\overline{t}_m(x))$$
$$V_{a_{i+1}}(\overline{t}_0(x),\cdots,\overline{t}_{j-1}(x),\overline{t}_j(x),\overline{t}_{j+1}(x),\cdots,\overline{t}_m(x))$$
$$= V_{a_{i+1}}(\overline{t}_0(x),\cdots,\overline{t}_{j-1}(x),\overline{t}_{j+1}(x),\cdots,\overline{t}_m(x))$$

这表明,对于在 $[a_i, a_{i+1}]$ 中有根的多项式,在计算变号数时可去掉该多项式所对应的项。

总括起来说,不论何种情况,均有

$$V_{a_i}(\overline{t}_0(x),\cdots,\overline{t}_m(x)) - V_{a_{i+1}}(\overline{t}_0(x),\cdots,\overline{t}_m(x)) = 0$$

如此

$$V_a(\overline{t}_0(x),\cdots,\overline{t}_m(x)) - V_b(\overline{t}_0(x),\cdots,\overline{t}_m(x))$$
$$= \sum_{j=0}^{m-1} \left[V_{a_j}(\overline{t}_0(x),\cdots,\overline{t}_m(x)) - V_{a_{j+1}}(\overline{t}_0(x),\cdots,\overline{t}_m(x)) \right]$$
$$= 0$$

引理 2　设 $f(x), g(x)$ 是两个实系数多项式,而多项式 $f(x)$ 在区间 (a,b) 内恰有一个根 c,且 $f(a)f(b) \neq 0$,则

$$V[\mathrm{ST}(f, f'g)]\Big|_a^b = \mathrm{sgn}(g(c))$$

这里 $f'(x)$ 是 $f(x)$ 的导数。

证明　设 $f(x)$ 关于 $f'(x)g(x)$ 的斯图姆–塔斯基序列为

$$t_0(x) = f(x), t_1(x) = f'(x)g(x), t_2(x),\cdots, t_m(x)$$

我们可以将区间 $[a,b]$ 分成
$$[a,b]=[a,c-\delta]\bigcup[c-\delta,c+\delta]\bigcup[c+\delta,b]$$
并且每个多项式 $t_i(x)$ 在中间那个区间 $[c-\delta,c+\delta]$ 中都没有异于 c 的根。

既然 $f(x)$ 在 $[a,c-\delta]$ 以及 $[c+\delta,b]$ 中均无根,按引理 1 有
$$V[\mathrm{ST}(f,f\,'g)]_a^{c-\delta}=V[\mathrm{ST}(f,f\,'g)]_{c+\delta}^b=0$$
于是
$$\begin{aligned}V[\mathrm{ST}(f,f\,'g)]_a^b=&V[\mathrm{ST}(f,f\,'g)]_a^{c-\delta}+\\&V[\mathrm{ST}(f,f\,'g)]_{c-\delta}^{c+\delta}+\\&V[\mathrm{ST}(f,f\,'g)]_{c+\delta}^b\\=&V[\mathrm{ST}(f,f\,'g)]_{c-\delta}^{c+\delta}\end{aligned}$$
因此只要计算 $c-\delta,c+\delta$ 两处 $\mathrm{ST}(f,f'g)$ 的变号数就行了。考虑区间 $[c-\delta,c)$ 以及 $(c,c+\delta]$,在这两个区间中每个多项式 $t_i(x)$ 都没有根。令
$$f(x)=(x-c)^r\varphi(x),g(x)=(x-c)^s\psi(x),r>0,s\geqslant0$$
于是 $f(x)$ 的导数为
$$f'(x)=(x-c)^{r-1}[r\varphi(x)+(x-c)\varphi'(x)]$$
而
$$\begin{aligned}&f(x)f'(x)g(x)\\=&(x-c)^{2r+s-1}[r\varphi^2(x)\psi(x)+(x-c)\varphi(x)\varphi'(x)\psi(x)]\end{aligned}$$
分两种情形:

情形 1 $s=0$,此时 $g(c)\neq0,\psi(x)=g(x)$,而
$$\begin{aligned}&f(x)f'(x)g(x)\\=&(x-c)^{2r-1}[r\varphi^2(x)g(x)+(x-c)\varphi(x)\varphi'(x)g(x)]\end{aligned}$$
可以选取 δ 如此小,使得对于 $[c-\delta,c)$ 中的任何 x,均有
$$\mid r\varphi^2(x)g(x)\mid\;>\;\mid(x-c)\varphi(x)\varphi'(x)g(x)\mid$$

以及 $g(x)g(c) > 0$①

若 $g(c) > 0$，则

$$f(x)f'(x)g(x)$$
$$= (x-c)^{2r-1}[r\varphi^2(x)g(x) + (x-c)\varphi(x)\varphi'(x)g(x)]$$
$$> 0$$

即在 $[c-\delta, c)$ 中，$f(x)$ 与 $f'(x)g(x)$ 有相反的符号，在 $(c, c+\delta]$ 中，$f(x)$ 与 $f'(x)g(x)$ 有相同的符号。另一方面，因为每个多项式 $t_i(x)$ 在 $[c-\delta, c), (c, c+\delta]$ 中都没有根，依据零点定理，$t_i(a), t_i(b)$ 同号，于是

$$|p(x)| - |q(x)|$$
$$= \left| p(c) + \sum_i \frac{p^{(i)}(c)}{i!}(x-c)^i \right| - \left| (x-c)\left[q(c) + \sum_j \frac{q^{(j)}(c)}{j!}(x-c)^j \right] \right|$$

令 $\delta < 1$，注意到 $-\delta \leqslant x-c < 0$，我们有

$$\left| p(c) + \sum_i \frac{p^{(i)}(c)}{i!}(x-c)^i \right| - \left| (x-c)\left[q(c) + \sum_j \frac{q^{(j)}(c)}{j!}(x-c)^j \right] \right|$$
$$\geqslant |p(c)| - \sum_i \left| \frac{p^{(i)}(c)}{i!} \right| \delta^i - \delta\left[|q(c)| + \sum_j \left| \frac{q^{(j)}(c)}{j!} \right| \delta^j \right]$$
$$> |p(c)| - \delta[|q(c)| +$$

---

① 设 $p(x) = r\varphi^2(x)g(x), q(x) = \varphi(x)\varphi'(x)g(x)$，并且 $p(c) \neq 0$。依照泰勒公式

$$p(x) = \sum_i \frac{p^{(i)}(c)}{i!}(x-c)^i, q(x) = \sum_j \frac{q^{(j)}(c)}{j!}(x-c)^j$$

$$\sum_i \left| \frac{p^{(i)}(c)}{i!} \right| + \sum_j \left| \frac{q^{(j)}(c)}{j!} \right| \big]$$

只要 δ 比 $\dfrac{|p(c)|}{K}$ 和 1 小（$K = |q(c)| +$

$\sum_i \left| \dfrac{p^{(i)}(c)}{i!} \right| + \sum_j \left| \dfrac{q^{(j)}(c)}{j!} \right|$），那么上面最后边那个

式子便能大于零。

同样对 $g(x)$ 在点 c 展开

$$g(x) = g(c) + \sum_i \frac{g^{(i)}(c)}{i!}(x-c)^i$$

于是

$$g(x)g(c) = g^2(c) + g(c)\sum_i \frac{g^{(i)}(c)}{i!}(x-c)^i$$

若 $\delta < 1$，则有

$$g(x)g(c) > g^2(c) - \delta \; |g(c)| \sum_i \left| \frac{g^{(i)}(c)}{i!} \right|$$

既然 $g(c) \neq 0$，则当 δ 比 $\dfrac{|g(c)|}{\sum_i \left| \dfrac{g^{(i)}(c)}{i!} \right|}$ 和 1 均小的

时候，$g(x)g(c)$ 就大于零。

综合上述，只要 δ 比 $\dfrac{|p(c)|}{K}$，$\dfrac{|g(c)|}{\sum_i \left| \dfrac{g^{(i)}(c)}{i!} \right|}$，1 均

小，我们的目的就能达到

$$V[\mathrm{ST}(f, f'g)]_{c-\delta}^{c+\delta} = +1$$

在 $g(x) < 0$ 时，可以做一样的讨论，而得到

$$V[\mathrm{ST}(f, f'g)]_{c-\delta}^{c+\delta} = -1$$

情形 2 $s > 0$，此时 $g(c) = 0$

$$t_0(x) = f(x) = (x-c)^r \varphi(x)$$

$t_1(x) = f'(x)g(x)$

$$= (x-c)^{r+s-1}[r\varphi(x)\psi(x) + (x-c)\varphi'(x)\psi(x)]$$

注意到 $(x-c)^{r+s-1}$ 是诸 $t_i(x)$ 的因式，考虑下面的多项式序列

$$\bar{t}_0(x),\bar{t}_1(x),\cdots,\bar{t}_m(x)$$

其中 $\bar{t}_i(x)=\dfrac{t_i(x)}{(x-c)^r}$，$i=1,2,\cdots,m$。

既然 $[a,b]$ 上不含 $t_i(x)$ 的根，由引理1，这个序列在 a,b 两处的变号数的差为零，再依变号数的第一个性质

$$V_a(t_0(x),t_1(x),\cdots,t_m(x))-V_b(t_0(x),t_1(x),\cdots,t_m(x))$$

$$=V_a(\frac{1}{2(x-c)^r}t_0(x),\frac{1}{2(x-c)^r}t_1(x),\cdots,\frac{1}{2(x-c)^r}t_m(x))-$$

$$V_b(\frac{1}{2(x-c)^r}t_0(x),\qquad\frac{1}{2(x-c)^r}t_1(x),\cdots,$$

$$\frac{1}{2(x-c)^r}t_m(x))$$

$$=V_a(\bar{t}_0(x),\bar{t}_1(x),\cdots,\bar{t}_m(x))-V_b(\bar{t}_0(x),\bar{t}_1(x),\cdots,\bar{t}_m(x))$$

$$=0$$

综合上面所说的，我们有

$$V_a(\mathrm{ST}(f(x),f'(x)g(x)))-$$

$$V_b(\mathrm{ST}(f(x),f'(x)g(x)))=\mathrm{sgn}(g(c))$$

斯图姆-塔斯基定理　　设 $f(x),g(x)$ 都是实系数多项式，$a<b$ 而 $f(a)f(b)\neq0$，则

$$V[\mathrm{ST}(f,f'g)]_a^b$$

$$=N[f=0,g>0]_a^b-N[f=0,g<0]_a^b$$

这里 $N[f=0,g>0]_a^b(N[f=0,g<0]_a^b)$ 表示在区间 (a,b) 上使 $g(x)>0(g(x)<0)$ 的 $f(x)$ 的不同根的个数（重数不计在内）。

证明　　设 $f(x)$ 在 (a,b) 上有 p 个不同的根

$$a<c_1<c_2<\cdots<c_p<b$$

则我们可以将区间 $[a,b]$ 分成下面这些区间的并

$$[a,b]=[a,\frac{c_1+c_2}{2}]\cup[\frac{c_1+c_2}{2},\frac{c_2+c_3}{2}]\cup\cdots\cup$$

$$[\frac{c_{p-2}+c_{p-1}}{2},\frac{c_{p-1}+c_p}{2}]\cup[\frac{c_{p-1}+c_p}{2},b]$$

这些区间的每一个有且仅有 $f(x)$ 的一个根。

注意到
$$V[\text{ST}(f,f'g)]_a^b$$

$$=V[\text{ST}(f,f'g)]_a^{\frac{c_1+c_2}{2}}+V[\text{ST}(f,f'g)]_{\frac{c_1+c_2}{2}}^{\frac{c_2+c_3}{2}}+\cdots+$$

$$V[\text{ST}(f,f'g)]_{\frac{c_{p-1}+c_p}{2}}^{b}$$

并对上面那些区间的每一个应用引理 2,我们得到
$$V[\text{ST}(f,f'g)]_a^b$$

$$=\sum_{i=1}^{p}\text{sgn}(g(c_i))$$

$$=N[f=0,g>0]_a^b-N[f=0,g<0]_a^b$$

由斯图姆-塔斯基定理可以获得一些有趣的推论。

首先取 $g(x)=1$,即得斯图姆定理(此时斯图姆组为标准斯图姆组)。

现在分别取 $f(x)$ 关于 $1,f'(x)g(x)$ 以及 $f'(x)g^2(x)$ 的斯图姆-塔斯基序列,然后由斯图姆-塔斯基定理可以得到如下关于 $N[f=0,g>0]_a^b$,$N[f=0,g<0]_a^b$,$N[f=0,g=0]_a^b$ 的方程组
$$V[\text{ST}(f,f')]_a^b$$

$$=N[f=0,g>0]_a^b+N[f=0,g<0]_a^b+$$

$$N[f=0,g=0]_a^b$$

$$V[\text{ST}(f,f'g)]_a^b=N[f=0,g>0]_a^b-N[f=0,g<0]_a^b$$

32

$$V[\mathrm{ST}(f,f'g^2)]_a^b$$
$$=N[f=0,g^2>0]_a^b-0$$
$$=N[f=0,g>0]_a^b+N[f=0,g<0]_a^b$$

解之即得。

推论 1　当 $f(a)f(b)\neq0$ 时,有

$$\begin{pmatrix} N[f=0,g>0]_a^b \\ N[f=0,g<0]_a^b \\ N[f=0,g=0]_a^b \end{pmatrix}$$

$$=\begin{pmatrix} 0 & \dfrac{1}{2} & \dfrac{1}{2} \\ 0 & -\dfrac{1}{2} & \dfrac{1}{2} \\ 1 & 0 & -1 \end{pmatrix}\begin{pmatrix} V[\mathrm{ST}(f,f')]_a^b \\ V[\mathrm{ST}(f,f'g)]_a^b \\ V[\mathrm{ST}(f,f'g^2)]_a^b \end{pmatrix}$$

在推论 1 中,取 $g(x)=x-a$,则得到:

推论 2　$f(x)$ 在 $(a,+\infty)$ 中的不同根的数目为

$$N[f=0,g>0]_a^b$$

$$=\frac{1}{2}\{V[\mathrm{ST}(f,f')]_{-\infty}^{+\infty}+V[\mathrm{ST}(f,(x-a)f'>0)]_{-\infty}^{+\infty}-$$

$$N[f=0,x=a]_{-\infty}^{+\infty}\}$$

其中 $N[f=0,x=a]_{-\infty}^{+\infty}$ 依 $f(a)$ 为 0 与否而取 1 或者 0。

4　关于实根数的其他定理

斯图姆定理完全解决了关于多项式实根个数的问题。但是它的主要缺点是构成斯图姆组的计算往往非常麻烦,读者通过上面所讨论的第一个例子的所有计算就会知道。现在来证明另外两个定理,它们虽然不

33

能给出实根的确切个数（而只是给出这个数目的上限），但这些定理结合可以得出实根个数下限的图解法，常常可以求出实根的确数。

设已给实系数 n 次多项式 $f(x)$，且允许它可能有重根存在。把它的逐次导数组

$$f(x) = f^{(0)}(x), f'(x), f''(x), \cdots, f^{(n-1)}(x), f^{(n)}(x)$$

⑨

$f(x)$ 的布丹－傅里叶序列，记作 $\mathrm{BF}(f)$。

如果一个闭区间 $[a, b]$ 不含多项式组 ⑨ 中任何一个式子的根，那么对于任何 $[a, b]$ 中的数 x，变号数 $V_x[\mathrm{BF}(f)]$ 就是一个常数。事实上，因为 $[a, x]$ 中没有 $f^{(i)}(x)(i = 0, 1, \cdots, n)$ 的根，则由于零点定理

$$f^{(i)}(a) f^{(i)}(x) > 0$$

由此便有

$$V[\mathrm{BF}(f)]_a^x = 0$$

或

$$V_x[\mathrm{BF}(f)] = V_a[\mathrm{BF}(f)]$$

这样，明显的，当 x 不经过多项式序列 ⑨ 中任何一个式子的根时，数 $V_x[\mathrm{BF}(f)]$ 不可能有变动。因此我们只要讨论两种情形：x 经过多项式 $f(x)$ 的根和 x 经过任何一个导式 $f^{(k)}(x)$ 的根，$1 \leqslant k \leqslant n-1$。

设 α 为多项式 $f(x)$ 的 p 重根，$p \geqslant 1$，也就是

$$f(\alpha) = f'(\alpha) = \cdots = f^{(p-1)}(\alpha) = 0, f^{(p)}(\alpha) \neq 0$$

设正数 ε 适当小，使得区间 $(\alpha - \varepsilon, \alpha + \varepsilon)$ 中不含多项式 $f(x), f'(x), \cdots, f^{(p-1)}(x)$ 的除 α 以外的其他根，同时亦不含多项式 $f^{(p)}(\alpha)$ 任何一个根。我们来证明，数的序列

$$f(\alpha - \varepsilon), f'(\alpha - \varepsilon), \cdots, f^{(p-1)}(\alpha - \varepsilon) = 0, f^{(p)}(\alpha - \varepsilon)$$

中任何两个相邻的数都是反号的,而所有的数

$$f(\alpha+\varepsilon),f'(\alpha+\varepsilon),\cdots,f^{(p-1)}(\alpha+\varepsilon)=0,f^{(p)}(\alpha+\varepsilon)$$

都是同号的。

对于任一 $i(0\leqslant i\leqslant p-1)$:如果 $f^{(i)}(\alpha-\varepsilon)>0$,那么在区间 $(\alpha-\varepsilon,\alpha)$ 中 $f^{(i)}(x)$ 是减少的,由此 $f^{(i)}(x)$ 的导数在该处的值小于零①:$f^{(i+1)}(\alpha-\varepsilon)<0$;如果 $f^{(i)}(\alpha-\varepsilon)<0$,那么 $f(x)$ 是增加的,因而 $f^{(i+1)}(\alpha-\varepsilon)>0$。故在这两种情形下,它们的符号都是相反的。另一方面,如果 $f^{(i)}(\alpha+\varepsilon)>0$,那么在区间 $(\alpha,\alpha+\varepsilon)$ 中,$f^{(i)}(x)$ 是增加的,因而 $f^{(i+1)}(\alpha+\varepsilon)>0$,同理由 $f^{(i)}(\alpha+\varepsilon)<0$ 得 $f^{(i+1)}(\alpha+\varepsilon)<0$。这样一来,在经过根 α 之后,$f^{(i)}(\alpha+\varepsilon)$ 和 $f^{(i+1)}(\alpha+\varepsilon)$ 必须同号。

这就证明了,当 x 经过多项式 $f(x)$ 的 p 重根时,序列

$$f(x),f'(x),\cdots,f^{(p-1)}(x),f^{(p)}(x)$$

失去 p 个变号。

现在设 α 为导数

$$f^{(k)}(x),f^{(k+1)}(x),\cdots,f^{(k+p-1)}(x),1\leqslant k\leqslant n-1,p\geqslant 1$$

的根,但不是 $f^{(k+1)}(x)$ 亦不是 $f^{(k+p)}(x)$ 的根。从上面的证明,推知当 x 经过 α 时,组

---

① 可以这样来证明:依照拉格朗日定理,区间 $(\alpha-\varepsilon,\alpha)$ 中存在点 c 满足

$$(f^{(i)}(c))'=f^{(i+1)}(c)=\frac{f^{(i)}(\alpha)-f^{(i)}(\alpha-\varepsilon)}{\alpha-(\alpha-\varepsilon)}=\frac{-f^{(i)}(\alpha-\varepsilon)}{\varepsilon}$$

既然 $-f^{(i)}(\alpha-\varepsilon)<0,\varepsilon>0$,于是 $f^{(i+1)}(c)<0$。由此 $f^{(i+1)}(\alpha-\varepsilon)$ 只能小于零,如若不然,则按零点定理,$f^{(i+1)}(x)$ 将在区间 $(\alpha-\varepsilon,c)\subset(\alpha-\varepsilon,\alpha)$ 中有实根,这和我们的假定矛盾。

$$f^{(k)}(x), f^{(k+1)}(x), \cdots, f^{(k+p-1)}(x), f^{(k+p)}(x)$$

将丧失 p 个变号。但在 $f^{(k+1)}(x)$ 和 $f^{(k)}(x)$ 间,可能
得出一个新的变号。由 $p \geqslant 1$,当 x 经过 α 时

$$f^{(k+1)}(x), f^{(k)}(x), f^{(k+1)}(x), \cdots, f^{(k+p-1)}(x), f^{(k+p)}(x)$$

的变号数可能不变亦可能减少。因为当 x 经过值 α
时,多项式 $f^{(k+1)}(x)$ 和 $f^{(k+p)}(x)$ 的符号不变,如果它
的变号数减少,那么一定是减少一个正偶数。

从上面所说的结果推得:如果 a 和 $b(a < b)$ 都不
是多项式组 ⑨ 中任何一个式子的根,那么在 a, b 间的
多项式 $f(x)$ 的实根个数(p 重根以 p 个计算)等于
$V[\mathrm{BF}(f)]_b^a$ 或比这个数少一个正偶数。

现在来减轻加在数 a 和 b 上的限制:a, b 不为 $f(x)$
的根,但可能为组 ⑨ 中其他多项式的根。此时我们可
以这样来确定出多项式 $f(x)$ 在 a 和 b 间的实根数。设
δ 为这样小的正数,使得 $f(x)$ 在 a 和 b 间的实根均落
在区间 $(a+\delta, b-\delta)$ 之间,并且组 ⑨ 的多项式在这两
点:$a+\delta, b-\delta$ 处均不为零。于是按照前面所证明的
应该有

$$V[\mathrm{BF}(f)]_{b-\delta}^{a+\delta} = N + 2r, V[\mathrm{BF}(f)]_{a+\delta}^{a} = 2s$$

$$V[\mathrm{BF}(f)]_{b-\delta}^{b} = N + 2t \qquad ⑩$$

这里 N 表示 $f(x)$ 在 $(a+\delta, b-\delta)$ 间的实根数目,而 $r,$
s, t 均为非负整数。

从 ⑩ 很容易推知

$$V[\mathrm{BF}(f)]_b^a = N + 2(r+s+t)$$

这就证明了下面的定理:

布丹－傅里叶[①]定理　　如果实数 a 和 $b(a < b)$ 不是实系数多项式 $f(x)$ 的根,那么多项式 $f(x)$ 在 a 和 b 间的实根数(p 重根以 p 个计算),等于差 $V[\mathrm{BF}(f)]_b^a$ 或比这个差少一个正偶数[②]。

用符号 $+\infty$ 来记未知量 x 的很大的正值,使得所有组 ⑨ 中的多项式对应于这一个值的符号都和它的首项系数符号相同。因为这些系数顺次为数 $a_0, na_0,$ $n(n-1)a_0, \cdots, n!\, a_0$,符号相同,所以 $V_\infty[\mathrm{BF}(f)] = 0$。另一方面,因为

$$f(0) = a_n, f'(0) = a_{n-1}, f''(c) = a_{n-2}2!,$$
$$f'''(c) = a_{n-3}3!, \cdots, f^{(n)}(c) = a_0 n!$$

其中 $a_0, a_1, \cdots, a_n$ 为多项式 $f(x)$ 的系数,所以 $V_0[\mathrm{BF}(f)]$ 和多项式 $f(x)$ 的系数组的变号数相同,在这里等于零的系数是不给计算的。这样一来,应用布丹-傅里叶定理到区间 $(0, +\infty)$,我们得出下面的定理:

笛卡儿定理　　多项式 $f(x)$ 的正根个数(p 重根

---

① 布丹(Budan,1761—1840),法国(医学博士)学者,独立发现这个定理。傅里叶(Jean Baptiste Joseph Fourier,1768—1830),法国数学家。

② 实际上,布丹发表了这个定理的几乎等价的形式:设实数 a 和 $b(a < b)$ 不是实系数多项式 $f(x)$ 的根,令 $x = y + a, x = z + b$,那么多项式 $g_1(y) = f(y+a)$ 系数组的变号数与 $g_2(z) = f(z+b)$ 系数组的变号数之差,是 $f(x)$ 在 a 和 b 间的实根数(p 重根以 p 个计算)的上限。

依照泰勒公式

$$g_1(y) = f(a) + f'(a)y + \frac{f^{(2)}(a)}{2!}y^2 + \cdots + \frac{f^{(n)}(a)}{n!}y^n$$

$$g_2(z) = f(b) + f'(b)z + \frac{f^{(2)}(b)}{2!}z^2 + \cdots + \frac{f^{(n)}(b)}{n!}z^n$$

由此知与所述定理无异。

以 p 个计算),等于这一多项式的系数组(等于零的系数不给它计算进去)的变号数或比这个数少一个正偶数①。

为了确定出多项式 $f(x)$ 的负根个数,很明显的只要应用笛卡儿定理到多项式 $f(-x)$。在这里,如果多项式 $f(x)$ 的系数没有一个等于零,那么很明显的,多项式 $f(-x)$ 的系数的变号对应于多项式 $f(x)$ 的系数的同号,反过来亦是一样的。这样一来,如果多项式 $f(x)$ 没有等于零的系数,那么它的负根个数(重根用它的重数来计算)等于它的系数组中的同号数,或比这一个数少一个正偶数。

我们还可以不用布丹 — 傅里叶定理来证明笛卡儿定理。首先证明下面:

如果 $c > 0$,那么 $f(x)$ 的系数组的变号数比乘积 $(x-c)f(x)$ 的系数组的变号数少一个正奇数。事实上,把多项式 $f(x)$ 接连的同号项集和在括号里面,写成下面的形状,它的首项系数算作正数

$$f(x) = (a_0 x^n + \cdots + b_1 x^{k_1+1}) -$$
$$(a_1 x^{k_2} + \cdots + b_2 x^{k_2+1}) + \cdots +$$
$$(-1)^s (a_s x^{k_s} + \cdots + b_{s+1} x^t) \qquad ⑪$$

这里 $a_0 > 0, a_1 > 0, \cdots, a_s > 0$,而 $b_0, b_1, \cdots, b_s$ 大于或等于零;但 b_{s+1} 为一个正数。也就是说 x^t 在 $t \geqslant 0$ 时,是多项式 $f(x)$ 里面系数不等于零的未知量 x 的最低

---

① 一个只有 n 项的实系数多项式的系数序列最多只有 $n-1$ 次变号。根据笛卡儿定理,这个多项式最多只有 $2(n-1)$ 个实根(不计零根,重根按重数计算)。这说明多项式的实根上界是由其项数决定的,这一点与复数根个数不一样,复根个数是由多项式的次数确定的。

次方。括号

$$(a_0 x^n + \cdots + b_1 x^{k_1+1})$$

中有时可能只含有一个项,在这种情形有 $k_1 + 1 = n$。这个注解对公式 ⑪ 的其他括号也是适用的。

现在我们来写出乘积 $(x-c)f(x)$ 的多项式,而且只明显的表示 x 的方次为 $n+1, k_1+1, \cdots, k_s+1$ 和 t 的那些项。我们得出

$$(x-c)f(x) = (a_0 x^{n+1} + \cdots) - (a_1' x^{k_1+1} + \cdots) + \cdots +$$
$$(-1)^s (a_s' x^{k_s+1} + \cdots - cb_{s+1} x^t) \qquad ⑫$$

其中 $a_i' = a_i + cb_i, i = 1, 2, \cdots, s$,故因 $c > 0$,所有 a_i' 都是正数。这样一来,在多项式 $f(x)$ 的系数组里面,项 $a_0 x^n$ 和 $-a_1 x^{k_1}$(亦在项 $-a_1 x^{k_1}$ 和 $a_2 x^{k_2}$ 之间,诸如此类)有一个变号,而在多项式 $(x-c)f(x)$ 的对应项 $a_0 x^{n+1}$ 和 $-a_1' x^{k_1+1}$ 之间(对应项 $-a_1' x^{k_1+1}$ 和 $a_2 x^{k_2+1}$ 之间,诸如此类)有一个变号或另行增加一个偶数次变号。我们对于这些变号的地位没有兴趣,例如,可能遇到在式 ⑫ 中, x^{k_1+2} 的系数和系数 $-a_i'$ 一样,也是负的,那么在这两个相邻系数中没有变号,也就是说,在括号里面的第一个变号可能在任何地方出现。现在我们注意 ⑪ 的最后一个括号中不含任何变号,而 ⑫ 的最后一个括号中含有奇数次变号数,这是因为多项式 $f(x)$ 和 $(x-c)f(x)$ 的最后不为零的系数是反号的,也就是 $(-1)^s b_s$ 和 $(-1)^{s+1} b_{s+1} c$ 的符号相反。

为了证明笛卡儿定理,用 $\alpha_1, \alpha_2, \cdots, \alpha_k$ 来记多项式 $f(x)$ 的所有正根。这样一来

$$f(x) = (x-\alpha_1)(x-\alpha_2)\cdots(x-\alpha_k)\varphi(x)$$

其中 $\varphi(x)$ 为没有正实根的实系数多项式。因此,多项式 $\varphi(x)$ 的第一个和最后一个不为零的系数是同号

的,也就是这个多项式的系数组含有偶数个变号。现在顺次应用上面所证明的多项式

$$\varphi(x),(x-\alpha_1)\varphi(x),(x-\alpha_1)(x-\alpha_2)\varphi(x),\cdots,f(x)$$

我们知道在系数组中每一次增加一个奇数,也就是说增加一个偶数加 1,所以多项式 $f(x)$ 的系数组的变号数等于 k 或比 k 大一个正偶数。

现在来考察一个例子:应用笛卡儿定理和布丹 — 傅里叶定理来讨论以前所讨论过的多项式

$$h(x)=x^5+2x^4-5x^3+8x^2-7x-3$$

系数组的变号数等于 3,故由笛卡儿定理 $h(x)$ 只有三个或一个正根的可能。另一方面,$h(x)$ 没有零系数,且因系数组中有两个同号,所以 $h(x)$ 或有两个负根或者没有负根。比较以前由图形所得出的结果,我们知道这一个多项式恰好有两个负根。

为了确定出正根的个数可应用布丹 — 傅里叶定理到区间 $(1,+\infty)$。求出它们当 $x=1$ 和 $x=+\infty$ 时的符号

	$h(x)$	$h'(x)$	$h''(x)$	$h'''(x)$	$h^{(4)}(x)$	$h^{(5)}(x)$	变号数
$x=1$	$-$	$+$	$+$	$+$	$+$	$+$	1
$x=\infty$	$+$	$+$	$+$	$+$	$+$	$+$	0

故 x 从 1 变到 ∞ 时,导数组失去一个变号数,因此 $h(x)$ 恰好有一个正根。

如果事先知道多项式 $f(x)$ 的根全都是实数,那么由布丹 — 傅里叶定理能推得:

推论 如果实系数多项式 $f(x)$ 的全部根都是实根,那么它的正根个数(重根按重数计算)等于它系数序列的变号数。

证明 先假设 0 不是 $f(x)$ 的根。设 $f(x)$ 的第

40

i 次项系数是 a_i，则 $f(-x)$ 的第 i 次项系数为 $b_i =(-x)^i a_i$，所以 $b_i b_{i+1} = (-x)^{2i+1} a_i a_{i+1}$，由此知道 $f(x)$ 的系数序列的变号数 v 与 $f(-x)$ 的系数序列的变号数 v' 之和不超过 $f(x)$ 的次数 n。由笛卡儿定理，$f(x)$ 的正根个数为 $v-2k$，$f(-x)$ 的正根个数为 $v'-2k'$，这里 k 及 k' 都是非负整数。但 $f(-x)$ 的正根即是 $f(x)$ 的负根，$f(x)$ 的所有根都是实根，必然有

$$(v-2k)+(v'-2k')=(v+v')-2(k+k')$$

既然 $v+v' \leqslant n$，故 $k=k'=0$，于是定理的结论成立。

如果 0 是 $f(x)$ 的 p 重根，则 $f(x)=x^p g(x)$，此时 $f(x)$ 与 $g(x)$ 有相同的系数序列和相同的正根个数，如此，定理的结论依然成立。

这个推论亦有别的证明法。记 $m(f)$ 为多项式 $f(x)$ 的正根的个数（重根按重数计算）；$W(f)$ 为多项式 $f(x)$ 的系数序列 $[a_1,a_2,\cdots,a_n]$ 的变号数。

证明　从直观出发，在多项式 $f(x)$ 的根 a' 和 b' 之间，存在点 $c \in R$，$a' < c < b'$，使得 $f'(c)=0$。由此推出，导数 $f'(x)$ 的所有的根都是实的并且 $m(f')=m(f)$ 或者 $m(f')=m(f)-1$。

事实上，设 $c_1 < c_2 < \cdots < c_r$ 是多项式 $f(x)$ 的重数为 $n_1,n_2,\cdots,n_r$ 的根，那么 $n_1+n_2+\cdots+n_r=n$。导数 $f'(x)$ 有重数为 $n_1-1,n_2-1,\cdots,n_r-1$ 的根 c_1，$c_2,\cdots,c_r$，而根据罗尔定理，在 $f(x)$ 的相邻两根之间，还有导数 $f'(x)$ 的根 $c_1',c_2',\cdots,c_r'$，总共得到 $(n_1-1)+(n_2-1)+\cdots+(n_r-1)+r-1=n-1$ 个实根。由于 $f'(x)$ 的次数为 $n-1$，所以 $f'(x)$ 没有其他的根。

其次，设 $c_{p-1} < 0$ 而 $c_p,\cdots,c_r$ 是重数为 $n_p,\cdots,n_r$

41

的全体正根：$n_p + \cdots + n_r = m = m(f)$。重数为 $n_p - 1, \cdots, n_r - 1$ 的根 $c_p, \cdots, c_r$ 和根 $c_p{}', \cdots, c_{r-1}{}'$，可能还有 $c_{p-1}{}'$ 就是 $f'(x)$ 的全部正根，其总数为 $m(f') = m(f) - 1$ 或 $m(f)$，这就证明了上述断言。这个事实的解析表达式如下

$$m(f) = m(f') + \varepsilon, \varepsilon = \frac{1}{2}(1 - (-1)^{m(f) + m(f')}) \quad ⑬$$

我们还要指出，如果

$$f(x) = a_0 x^n + a_1 x^{n-1} + \cdots + a_{n-v} x^v \quad ⑭$$

其中 a_{n-v} 是最后一个非零系数，那么

$$f(x) = (x - c_p)^{n_p} \cdots (x - c_r)^{n_r} g(x)$$

其中

$$g(x) = a_0 x^{n-m} + \cdots + b x^v, a_0 > 0, b > 0 (v \geqslant 0)$$

于是 $a_{n-v} = (-1)^m c_p^{n_p} \cdots c_r^{n_r} b$，并且 $c_p^{n_p} \cdots c_r^{n_r} b > 0$。换言之

$$(-1)^{m(f)} a_{n-v} > 0 \quad ⑮$$

当 $n = 1, 2$ 时，定理的结论是明显的。现对 $f(x)$ 的次数 n 作归纳，假设定理对于一切次数小于 n 的多项式成立。若在 ⑭ 中 $v > 0$，即 $a_n = 0$，那么 $f(x) = x f_1(x)$，且 $m(f) = m(f_1) = W(f)$（根据归纳假设 $m(f_1) = W(f_1)$）。剩下的是考虑 $a_n \neq 0$ 的情形。设

$$f'(x) = n a_0 x^{n-1} + (n-1) a_1 x^{n-1} + \cdots + u a_{n-u} x^{u-1}, a_{n-u} \neq 0$$

那么

$$W(f) = m(f') + \delta, \delta = \frac{1}{2}\left(1 - \frac{a_n a_{n-u}}{|a_n a_{n-u}|}\right) = 0 \text{ 或 } 1$$

但我们知道（见 ⑮），$(-1)^{m(f)} a_n > 0$ 且 $(-1)^{m(f')} a_{n-v} > 0$。因此 $\delta = \frac{1}{2}(1 - (-1)^{m(f) + m(f')})$，

42

从而 $\delta = \varepsilon$。根据归纳假定 $W(f') = m(f')$，所以 $W(f) = m(f') + \varepsilon$，与 ⑬ 比较，得到 $m(f) = W(f)$。

一般求多项式的实根个数时，常先由它的图形和应用笛卡儿定理以及布丹－傅里叶定理来推究，只在最后不得已才用斯图姆法。

在其他判定多项式实根个数的方法中，有一个由二次型理论所得出的有趣味的方法。

设已给出一个 n 次的实系数多项式 $f(x)$，而 α_1，$\alpha_2, \cdots, \alpha_n$ 是它的 n 个根。用 s_i 来记这些根的 i 次方的和

$$s_i = \sum_{k=1}^{n} \alpha_k^i \qquad ⑯$$

特别是 $s_0 = n$。

讨论下面的 n 个未知量的二次型

$$\varphi(x_0, x_1, \cdots, x_n) = \sum_{i,j=0}^{n-1} s_{i+j} x_i y_j \qquad ⑰$$

它的矩阵很明显的是对称的。利用 ⑯ 可化型 φ 为下面的形状

$$\varphi = \sum_{i,j=0}^{n-1} \left(\sum_{k=1}^{n} \alpha_k^{i+j} \right) x_i x_j = \sum_{k=1}^{n} \left(\sum_{i,j=0}^{n-1} \alpha_k^i x_i \alpha_k^j x_j \right)$$

$$= \sum_{k=1}^{n} (x_0 + \alpha_k x_1 + \cdots + \alpha_k^{n-1} x_{n-1})^2 \qquad ⑱$$

今设 $f(x)$ 有 $p(p \leqslant n)$ 个互异的根，不失一般性，设这些根是 $\alpha_1, \alpha_2, \cdots, \alpha_p$，其重数分别为 $m_1, m_2, \cdots, m_p$。如此可将 ⑱ 化为

$$\varphi = \sum_{k=1}^{p} m_k (x_0 + \alpha_k x_1 + \cdots + \alpha_k^{n-1} x_{n-1})^2$$

$$= \sum_{k=1}^{p} \left[\sqrt{m_k} (x_0 + \alpha_k x_1 + \cdots + \alpha_k^{n-1} x_{n-1}) \right]^2$$

令

$$
\begin{cases}
y_1 = \sqrt{m_1}\,(x_0 + \alpha_1 x_1 + \cdots + \alpha_1^{n-1} x_{n-1}) \\
\quad\vdots \\
y_p = \sqrt{m_p}\,(x_0 + \alpha_p x_1 + \cdots + \alpha_p^{n-1} x_{n-1}) \\
y_{p+1} = x_0 + \beta_{p+1} x_1 + \cdots + \beta_{p+1}^{n-1} x_{n-1} \\
\quad\vdots \\
y_n = x_0 + \beta_n x_1 + \cdots + \beta_n^{n-1} x_{n-1}
\end{cases} \qquad ⑲
$$

这里 $\beta_{p+1}, \beta_{p+2}, \cdots, \beta_n$ 是不同于 $\alpha_1, \alpha_2, \cdots, \alpha_n$ 且互异的 $n - p$ 个实数。

这个等式组右边的系数行列式为

$$
\begin{vmatrix}
\sqrt{m_1} & \sqrt{m_1}\,\alpha_1 & \sqrt{m_1}\,\alpha_1^2 & \cdots & \sqrt{m_1}\,\alpha_1^{n-1} \\
\sqrt{m_2} & \sqrt{m_2}\,\alpha_2 & \sqrt{m_2}\,\alpha_2^2 & \cdots & \sqrt{m_2}\,\alpha_2^{n-1} \\
\vdots & \vdots & \vdots & & \vdots \\
\sqrt{m_p} & \sqrt{m_p}\,\alpha_p & \sqrt{m_p}\,\alpha_p^2 & \cdots & \sqrt{m_p}\,\alpha_p^{n-1} \\
1 & \beta_{p+1} & \beta_{p+1}^2 & \cdots & \beta_{p+1}^{n-1} \\
1 & \beta_{p+2} & \beta_{p+2}^2 & \cdots & \beta_{p+2}^{n-1} \\
\vdots & \vdots & \vdots & & \vdots \\
1 & \beta_n & \beta_n^2 & \cdots & \beta_n^{n-1}
\end{vmatrix}
$$

$$
= \sqrt{m_1}\,\sqrt{m_2}\,\cdots\,\sqrt{m_p}
\begin{vmatrix}
1 & \alpha_1 & \alpha_1^2 & \cdots & \alpha_1^{n-1} \\
1 & \alpha_2 & \alpha_2^2 & \cdots & \alpha_2^{n-1} \\
\vdots & \vdots & \vdots & & \vdots \\
1 & \alpha_p & \alpha_p^2 & \cdots & \alpha_p^{n-1} \\
1 & \beta_{p+1} & \beta_{p+1}^2 & \cdots & \beta_{p+1}^{n-1} \\
1 & \beta_{p+2} & \beta_{p+2}^2 & \cdots & \beta_{p+2}^{n-1} \\
\vdots & \vdots & \vdots & & \vdots \\
1 & \beta_n & \beta_n^2 & \cdots & \beta_n^{n-1}
\end{vmatrix}
$$

将最后那个行列式的行列互换 —— 我们知道这并不

改变行列式的值 —— 便得到了所谓的范德蒙德[①]行列式(参考附注)

$$
\begin{vmatrix}
1 & 1 & \cdots & 1 & 1 & 1 & \cdots & 1 \\
\alpha_1 & \alpha_2 & \cdots & \alpha_p & \beta_{p+1} & \beta_{p+2} & \cdots & \beta_n \\
\alpha_1^2 & \alpha_2^2 & \cdots & \alpha_p^2 & \beta_{p+1}^2 & \beta_{p+2}^2 & \cdots & \beta_n^2 \\
\vdots & \vdots & & \vdots & \vdots & \vdots & & \vdots \\
\alpha_1^{n-1} & \alpha_2^{n-1} & \cdots & \alpha_p^{n-1} & \beta_{p+1}^{n-1} & \beta_{p+2}^{n-1} & \cdots & \beta_n^{n-1}
\end{vmatrix}
$$

如果多项式 $f(x)$ 的根都是实数,那么 ⑲ 将决定一个实系数线性变换,而且是满秩的:它的系数行列式因 $\alpha_1,\alpha_2,\cdots,\alpha_p,\beta_{p+1},\beta_{p+2},\cdots,\beta_n$ 是 n 个不同的数而不等于零。这样一来,在这里型 φ 化为 p 个正平方和

$$
\varphi = \sum_{k=1}^{p} y_k^2
$$

既然满秩的实系数线性变换不改变实二次形式的秩数,那么二次型 ⑰ 的矩阵应该具有秩数 p。

如果多项式 $f(x)$ 有虚根 α_k,那么线性型 y_k 可以写成下面的形状

$$
y_k = z_k + \mathrm{i}t_k
$$

其中 z_k 和 t_k 都是 $x_1,x_2,\cdots,x_{n-1}$ 的实系数线性型。但在这一情形,多项式 $f(x)$ 有根 α_j 和 α_k 共轭,故

$$
y_j = z_k - \mathrm{i}t_k
$$

也就是

$$
y_k^2 + y_j^2 = 2z_k^2 - 2t_k^2
$$

这样一来,在第二种情形,由多项式 $f(x)$ 的每一对共轭复数根对应得到一个负平方;同时在法式中恰好有

---

① 范 德 蒙 德 (Vandermonde,Alexandre Theophile,1735—1796),法国数学家。

p 个平方项。在这里所用的线性变换是满秩的,因为它是两个满秩变换的积。

反过来,如果二次型 ⑰ 的秩是 $p(p \leqslant n)$,那么 $f(x)$ 将恰有 p 个不同的根。因为若不然,$f(x)$ 有 $h(h \leqslant n, h \neq p)$ 个不同的根,则按照上面的方法对二次型 ⑰ 进行变换,最终都将得到一个秩数为 h 的二次型,这就产生了矛盾。

如此,我们便证明了下面的定理。

定理 3 n 次实系数多项式 $f(x)$ 恰有 $p(p \leqslant n)$ 个互异根的充要条件是二次型 ⑰ 具有秩数 p;

此时,其互异实根的个数等于二次型 ⑰ 的符号差。特别的,对于没有重根的实系数多项式 $f(x)$,当且仅当二次型 ⑰ 为恒正型时,它的根才能全为实根。

例 3 对于多项式
$$f(x) = x^3 + 5x^2 + x - 2$$
很容易证明它没有重根。多项式 $f(x)$ 的根的基本对称多项式为
$$\sigma_1 = -5, \sigma_2 = 1, \sigma_3 = 2$$
故由牛顿公式,知根的等次和为
$$s_0 = 3, s_1 = -5, s_2 = 23, s_3 = -104, s_4 = 487$$
故有
$$\begin{pmatrix} 3 & -5 & 23 \\ -5 & 23 & -104 \\ 23 & -104 & 487 \end{pmatrix}$$
这个矩阵的主子式等于数
$$3, 44, 733$$
也就是都是正数,故多项式 $f(x)$ 有三个实根。

已经判定多项式的根都是实根后,不难判定它的

46

所有根是否同号,例如是否同为负根。也就是下面的定理是真实的:

首项系数为 1 的实系数多项式 $f(x)$ 的根如果全为实数,则当且仅当它的系数都大于零,它的根才全为负根。

事实上,如果多项式 $f(x)$ 的系数全为正数,那么 $f(x)$ 不能有正根或零根,因此它所有的根如为实数,必定都是负数。另一方面,如果多项式 $f(x)$ 所有根都是负根,那么 $f(x)$ 是形为 $x+\alpha$,其中 $\alpha>0$ 的线性因式的乘积,因此它的系数全为正数。

注　范德蒙德行列式是指形如

$$d=\begin{vmatrix} 1 & 1 & 1 & \cdots & 1 \\ a_1 & a_2 & a_3 & \cdots & a_n \\ a_1^2 & a_2^2 & a_3^2 & \cdots & a_n^2 \\ \vdots & \vdots & \vdots & & \vdots \\ a_1^{n-1} & a_2^{n-1} & a_3^{n-1} & \cdots & a_n^{n-1} \end{vmatrix}$$

的行列式。我们将用归纳法证明 n 阶范德蒙德行列式等于所有可能的差 a_i-a_j 的乘积,其中 $1\leqslant j<i\leqslant n$。事实上,当 $n=2$ 时有

$$\begin{vmatrix} 1 & 1 \\ a_1 & a_2 \end{vmatrix}=a_2-a_1$$

今假设我们的论断对于 $n-1$ 阶范德蒙德行列式已经证明。用下面的方式来变换行列式 d:从第 n 行(最后一行)减去第 $n-1$ 行的 a_1 倍,再从第 $n-1$ 行减去第 $n-2$ 行的 a_1 倍,继续这样进行,最后从第二行减去第一行的 a_1 倍。我们得出

$$d = \begin{vmatrix} 1 & 1 & 1 & \cdots & 1 \\ 0 & a_2 - a_1 & a_3 - a_1 & \cdots & a_n - a_1 \\ 0 & a_2^2 - a_1 a_2 & a_3^2 - a_1 a_3 & \cdots & a_n^2 - a_1 a_n \\ \vdots & \vdots & \vdots & & \vdots \\ 0 & a_2^{n-1} - a_1 a_2^{n-2} & a_3^{n-1} - a_1 a_3^{n-2} & \cdots & a_n^{n-1} - a_1 a_n^{n-2} \end{vmatrix}$$

对第一列展开这一个行列式我们得到一个 $n-1$ 阶行列式；再把它里面每一列的公因子提到行列式的外面，它就成为

$$d = (a_2 - a_1)(a_3 - a_1) \cdots (a_n - a_1) \begin{vmatrix} 1 & 1 & 1 & \cdots & 1 \\ a_2 & a_3 & a_4 & \cdots & a_n \\ a_2^2 & a_3^2 & a_4^2 & \cdots & a_n^2 \\ \vdots & \vdots & \vdots & & \vdots \\ a_2^{n-2} & a_3^{n-2} & a_4^{n-2} & \cdots & a_n^{n-2} \end{vmatrix}$$

最后的因子是一个 $n-1$ 阶范德蒙德行列式，也就是，由假设等于所有差 $a_i - a_j$ 的乘积，其中 $2 \leqslant j < i \leqslant n$。用符号"$\prod$"来记乘积，就可以写作

$$d = (a_2 - a_1)(a_3 - a_1) \cdots (a_n - a_1) \prod_{2 \leqslant j < i \leqslant n} (a_i - a_j)$$
$$= \prod_{1 \leqslant j < i \leqslant n} (a_i - a_j)$$

用同样的方法可以证明行列式

$$d' = \begin{vmatrix} a_1^{n-1} & a_2^{n-1} & a_3^{n-1} & \cdots & a_n^{n-1} \\ \vdots & \vdots & \vdots & & \vdots \\ a_1^2 & a_2^2 & a_3^2 & \cdots & a_n^2 \\ a_1 & a_2 & a_3 & \cdots & a_n \\ 1 & 1 & 1 & \cdots & 1 \end{vmatrix}$$

等于所有可能的差 $a_i - a_j$ 的乘积，其中 $1 \leqslant i < j \leqslant n$，也就是 $d' = \prod_{1 \leqslant i < j \leqslant n} (a_i - a_j)$。

5　西尔维斯特第二矩阵与斯图姆-塔斯基序列的关系

　　就实际操作而言,如果所要判定的多项式具有常系数,那么上一节斯图姆定理所展示的算法常常是有效的。可是当系数中带有参数的时候,运用斯图姆算法(或者上一节中别的方法)往往是烦琐而不切实际的。例如,我们试图利用一台奔腾 75 机上(内存 16 兆)的计算机产生一般 7 次(参系数)多项式

$$x^7 + px^5 + qx^4 + rx^3 + sx^2 + tx + u$$

的标准斯图姆组时,机器在运行了 1 000 多秒之后溢出了。

　　另一方面,二次多项式

$$ax^2 + bx + c$$

的判别式 $\Delta = b^2 + 4ac$ 的符号完全确定了它的根的分类。对于三次多项式,也有着类似的判别式。一个自然的问题是:对于任意次数的多项式的根的分类是否也有类似的"显示判定"。答案是肯定的。下面我们将给出由杨路[①]等人于 1996 年建立的一个显式判别准则。

　　为了表述以及证明这个判别准则,我们先来建立一个重要的定理(标题中已经指明)。设

$$f(x) = a_0 x^n + a_1 x^{n-1} + \cdots + a_{n-1} + a_n$$

---

　　① 杨路,1936 年 10 月生,广州大学广州市数学与人工智能国际交流中心主任,研究员,博士生导师。

$$g(x) = b_0 x^t + b_1 x^{t-1} + \cdots + b_{t-1} + b_t \, (t \leqslant n)$$

是域 P 上的两个多项式,我们把下面的由它们的系数构成的矩阵

$$A = \begin{pmatrix} a_0 & a_1 & \cdots & a_{t-1} & a_t & \cdots & a_n & & & \\ 0 & 0 & \cdots & 0 & b_0 & \cdots & b_t & & & \\ & a_0 & a_1 & \cdots & a_{t-1} & a_t & \cdots & a_n & & \\ & 0 & 0 & \cdots & 0 & b_0 & \cdots & b_t & & \\ & & & \cdots & \cdots & & & & & \\ & & & \cdots & \cdots & & & & & \\ & & & a_0 & a_1 & \cdots & a_{t-1} & a_t & \cdots & a_n \\ & & & 0 & 0 & \cdots & 0 & b_0 & \cdots & b_t \end{pmatrix}_{2n \times 2n}$$

称为 $f(x)$ 关于 $g(x)$ 的西尔维斯特[1]第二矩阵。

再来构造 $f(x)$ 关于 $g(x)$ 的斯图姆-塔斯基序列。令

$$r_0(x) = f(x), r_1(x) = g(x)$$

用 $r_1(x)$ 来除 $r_0(x)$ 且把它的余式变号,记作 $r_2(x)$,即

$$r_2(x) = -(r_0(x) - r_1(x)q_1(x))$$

一般的,如果多项式 $r_{j-1}(x)$ 和 $r_j(x)$ 已经求得,那么 $r_{j+1}(x)$ 是用 $r_j(x)$ 来除 $r_{j-1}(x)$ 所得出的余式变号后的多项式

$$r_{j+1}(x) = -(r_{j-1}(x) - r_j(x)q_j(x)) \qquad ⑳$$

这个过程继续下去直到某个 $r_{k+1}(x)$ 成为零多项式。

为了记号一致起见,我们设

$$r_i(x) = r_{i0} x^{d_i} + r_{i1} x^{d_i - 1} + \cdots + r_{i(d_i - 1)} x + r_{id_i} \, (r_{id_i} \neq 0)$$

---

① 西尔维斯特(Sylvester,James Joseph,1814—1897),英国数学家。

既然 $r_k(x) \neq 0$ 而 $r_{k+1}(x)=0$，于是上面的等式只限于 $i \leqslant k$；与此同时在 $i > k$ 时约定 $r_i(x)=0$。

现在可以来建立西尔维斯特第二矩阵与斯图姆–塔斯基序列的关系：

定理 4　设 $f(x)$ 关于 $g(x)$ 的西尔维斯特第二矩阵为 A，则：

（1）如果对于任何 j，均有 $m \neq n - d_j$，则 $|A(m, 0)| = 0$；

（2）如果存在某个 j 使得 $m = n - d_j$，则

$$|A(m,0)| = (-1)^{\delta_j} \cdot (r_{00} \cdot r_{10})^{d_0 - d_1} \cdot$$
$$(r_{10} \cdot r_{20})^{d_1 - d_2} \cdots (r_{(j-1)0} \cdot r_{j0})^{d_{j-1} - d_j}$$

其中 $\delta_j = \dfrac{1}{2} \sum\limits_{k=0}^{j-1} [(d_k - d_{k+1} - 1) \cdot (d_k - d_{k+1})]$，而 $A(m, 0)$ 表示由矩阵 A 的前 $2m$ 行，前 $2m$ 列所构成的子矩阵，此处 $m = 1, \cdots, n$。

证明　为了计算 $A(m, 0)$，我们来考虑矩阵

$$B = \begin{pmatrix}
r_{00} & r_{01} & \cdots & r_{0(t-1)} & r_{0t} & \cdots & r_{0d_0} & & & & \\
0 & 0 & \cdots & 0 & r_{10} & \cdots & r_{1d_1} & & & & \\
 & r_{00} & r_{01} & \cdots & r_{0(t-1)} & r_{0t} & \cdots & r_{0d_0} & & & \\
 & 0 & 0 & \cdots & 0 & r_{10} & \cdots & r_{1d_1} & & & \\
 & & & \cdots & & \cdots & & & & & \\
 & & & \cdots & & \cdots & & & & & \\
 & & r_{00} & r_{01} & \cdots & r_{0(t-1)} & r_{0t} & \cdots & r_{0d_0} & & \\
 & & 0 & 0 & \cdots & 0 & r_{10} & \cdots & r_{1d_1} &
\end{pmatrix}_{2m \times 2n}$$

即是 $A(m, 0)$ 的前 $2m$ 行所构成的子矩阵。

对 B 进行 $\frac{1}{2}m(m-1)$ 次"两行互换位置"的行变换[①],它可以变成如下形状：

$$\begin{pmatrix}
r_{00} & r_{01} & \cdots & r_{0(t-1)} & r_{0t} & \cdots & r_{0d_0} \\
 & r_{00} & r_{01} & \cdots & r_{0(t-1)} & r_{0t} & \cdots & r_{0d_0} \\
 & & \ddots & \ddots & & \ddots & & \ddots \\
 & & & r_{00} & r_{01} & \cdots & r_{0(t-1)} & r_{0t} & \cdots & r_{0d_0} \\
 & & & & r_{00} & r_{01} & \cdots & r_{0(t-1)} & r_{0t} & \cdots & r_{0d_0} \\
 & & & & & \ddots & \ddots & & \ddots & & \ddots \\
 & & & & & & r_{00} & r_{01} & \cdots & r_{0(t-1)} & r_{0t} & \cdots & r_{0d_0} \\
0 & 0 & \cdots & 0 & r_{10} & r_{11} & \cdots & \cdots & & & r_{1d_1} \\
 & \ddots & \ddots & \ddots & & \ddots & & & & & \ddots \\
 & & 0 & 0 & \cdots & 0 & r_{10} & r_{11} & \cdots & \cdots & & r_{1d_1}
\end{pmatrix}_{2m \times 2n}$$

---

①　事实上,如果用 p_1 表示第一行,用 q_1 表示第二行,用 p_2 表示第三行,……。那么只要证明：排列 $(p_1q_1p_2q_2\cdots p_mq_m)$ 能通过 $\frac{1}{2}m(m-1)$ 次对换而变成排列 $(p_1p_2\cdots p_mq_1q_2\cdots q_m)$。

在 $m=1$ 时,定理是成立的：排列 p_1q_1 已经具有我们所要的形式了,$\frac{1}{2}m(m-1)=0$。

在 $m=n$ 时命题成立的假设下来考虑 $m=n+1$ 的情形
$$(p_1q_1p_2q_2\cdots p_nq_np_{n+1}q_{n+1}) \tag{1}$$
我们分两次变换来得到所需的排列。首先,依假定(1)能通过 $\frac{1}{2}m(m-1)$ 次对换变成排列
$$(p_1p_2\cdots p_nq_1q_2\cdots q_np_{n+1}q_{n+1}) \tag{2}$$
对于(2),再进行一次变换：依次将 p_{m+1} 与 $q_m,q_{m-1},\cdots,q_1$ 对换便得到
$$(p_1p_2\cdots p_np_{n+1}q_1q_2\cdots q_nq_{n+1}) \tag{3}$$
第二次变换共有 n 个对换,于是(1)变到(3)共用了
$$\frac{1}{2}n(n+1)$$
个对换。

$$\xrightarrow{\text{分块}} \begin{pmatrix} \boldsymbol{R}_0 & \cdots \\ \boldsymbol{0} & \boldsymbol{T}_0 \end{pmatrix}$$

其中 $\boldsymbol{R}_0 = \begin{pmatrix} r_{00} & r_{01} & \cdots & \cdots & r_{1(t-1)} \\ & r_{00} & r_{01} & \cdots & r_{1(t-2)} \\ & & \ddots & \ddots & \vdots \\ & & & r_{00} & r_{11} \\ & & & & r_{00} \end{pmatrix}_{p_0 \times p_0}$, $\boldsymbol{T}_0 =$

$$\begin{pmatrix} r_{00} & r_{01} & \cdots & \cdots & r_{0d_0} & \cdots & \\ & \ddots & \ddots & & \ddots & \\ & & r_{00} & r_{01} & \cdots & \cdots & r_{0d_0} \\ r_{10} & r_{11} & \cdots & r_{1d_1} & \cdots & \\ & r_{10} & r_{11} & \cdots & r_{1d_1} & \cdots & \\ & & \ddots & \ddots & & \ddots & \\ & & & r_{01} & r_{11} & \cdots & r_{1d_1} \end{pmatrix} \left. \begin{matrix} \\ \\ \\ \end{matrix} \right\} \begin{matrix} m-(n-m) \text{ 行} \\ = m - h_1 \text{ 行} \end{matrix}$$
$$\left. \begin{matrix} \\ \\ \\ \end{matrix} \right\} m \text{ 行}$$

再来对 $\boldsymbol{T}_0$ 进行初等变换。

第 1 行 $-$ 第 $(m-h_1+1)$ 行 $\times \dfrac{r_{00}}{r_{10}}$,第 2 行 $-$ 第 $(m-h_1+2)$ 行 $\times \dfrac{r_{00}}{r_{10}}$,$\cdots$,

第 $(m-h_1)$ 行 $-$ 第 $(2m-2h_1)$ 行 $\times \dfrac{r_{00}}{r_{10}}$

$$\boldsymbol{T}_0 \xrightarrow{\hspace{4cm}}$$

$$\begin{pmatrix} & & r'_{20} & r'_{21} & \cdots & r'_{2d_2} & \cdots & \\ & & & \ddots & \ddots & & \ddots & \\ & & & & r'_{20} & r'_{21} & \cdots & r'_{2d_2} \\ r_{10} & r_{11} & \cdots & \cdots & r_{1d_1} & \cdots & \\ & r_{10} & r_{11} & \cdots & \cdots & r_{1d_1} & \cdots & \\ & & \ddots & \ddots & & & \ddots & \\ & & & r_{01} & r_{11} & \cdots & \cdots & r_{1d_1} \end{pmatrix}$$

53

$$= \begin{vmatrix} & & & -r_{20} & -r_{21} & \cdots & -r_{2d_2} & \cdots \\ & & & & \ddots & \ddots & & \ddots \\ & & & & & -r_{20} & -r_{21} & \cdots & -r_{2d_2} \\ r_{10} & r_{11} & \cdots & \cdots & r_{1d_1} & \cdots \\ & r_{10} & r_{11} & \cdots & \cdots & r_{1d_1} & \cdots \\ & & \ddots & & & & \ddots \\ & & & r_{01} & r_{11} & \cdots & \cdots & r_{1d_1} \end{vmatrix}$$

$\xrightarrow{\text{前}(m-h_1)\text{行变号};m(m-h_1)\text{次行互换}}$ ①（前一个等号注意到关系

式(1)）

$$\begin{pmatrix} r_{10} & r_{11} & \cdots & \cdots & r_{1d_1} & \cdots & \cdots \\ & r_{10} & r_{11} & \cdots & \cdots & r_{1d_1} \\ & & \ddots & \ddots & & & \ddots \\ & & & r_{10} & r_{11} & \cdots & \cdots & r_{1d_1} \\ & r_{20} & r_{21} & \cdots & r_{2d_2} & \cdots & \cdots \\ & & \ddots & \ddots & & & \ddots \\ & & & r_{20} & r_{21} & \cdots & r_{2d_2} \end{pmatrix} \xrightarrow{\text{分块}} \begin{pmatrix} R_1 & \cdots \\ & T_1 \end{pmatrix}$$

---

① 如同前页脚注一样，这相当于排列（$p_1 p_2 \cdots p_{m-h_1} q_1 q_2 \cdots q_m$）能通过 $(m-h_1)m$ 次对换而变成排列（$q_1 q_2 \cdots q_m p_1 p_2 \cdots p_{m-h_1}$）。我们来证明下面的结论：排列（$p_1 p_2 \cdots p_s q_1 q_2 \cdots q_t$）能通过 st 次对换而变成排列（$q_1 q_2 \cdots q_t p_1 p_2 \cdots p_s$）。

事实上，它可以这样来进行：将 p_s 依次与 $q_1, q_2, \cdots, q_t$ 对换便得到

$$(p_1 p_2 \cdots p_{s-1} q_1 q_2 \cdots q_t p_s) \tag{$*$}$$

这里进行了 m 次对换；

再对（$*$）进行类似的变换：将 p_{s-1} 依次与 $q_1, q_2, \cdots, q_t$ 对换便得到

$$(p_1 p_2 \cdots p_{s-2} q_1 q_2 \cdots q_t p_{s-1} p_s)$$

这里进行了 m 次对换；

依照这样的手续进行 s 次后，我们将得到

$$(q_1 q_2 \cdots q_t p_1 p_2 \cdots p_s)$$

并且一共进行了 st 次对换。

其中

$$\boldsymbol{R}_1 = \begin{pmatrix} r_{10} & r_{11} & \cdots & \cdots & r_{1(p_1-1)} \\ & r_{10} & r_{11} & \cdots & r_{1(p_1-2)} \\ & & \ddots & \ddots & \vdots \\ & & & r_{10} & r_{11} \\ & & & & r_{10} \end{pmatrix}_{p_1 \times p_1}$$

$$\boldsymbol{T}_1 = \begin{pmatrix} r_{10} & r_{11} & \cdots & \cdots & r_{1d_1} & \cdots \\ & \ddots & \ddots & & & \ddots \\ & & r_{10} & r_{11} & \cdots & \cdots & r_{1d_1} \\ r_{20} & r_{21} & \cdots & r_{2d_2} & \cdots \\ & r_{20} & r_{21} & \cdots & r_{2d_2} \\ & & \ddots & \ddots & & \ddots \\ & & & r_{20} & r_{21} & \cdots & r_{2d_2} \end{pmatrix}$$

可以对 $\boldsymbol{T}_1$ 进行一样的行变换

第 1 行 − 第 $(m-h_2+1)$ 行 $\times \dfrac{r_{20}}{r_{10}}$,第 2 行 − 第 $(m-h_2+2)$ 行 $\times \dfrac{r_{20}}{r_{10}}$,$\cdots$,

第 $(m-h_2)$ 行 − 第 $(2m-2h_2)$ 行 $\times \dfrac{r_{20}}{r_{10}}$

$$\boldsymbol{T}_1 \xrightarrow{\hspace{8cm}}$$

$$\begin{pmatrix} & -r_{30} & -r_{31} & \cdots & -r_{3d_3} & \cdots \\ & & \ddots & \ddots & & \ddots \\ & & & -r_{30} & -r_{31} & \cdots & -r_{3d_3} \\ r_{20} & r_{21} & \cdots & \cdots & r_{3d_2} & \cdots \\ & r_{20} & r_{21} & \cdots & r_{2d_2} & \cdots \\ & & \ddots & \ddots & & \ddots \\ & & & r_{01} & r_{11} & \cdots & \cdots & r_{2d_2} \end{pmatrix}$$

前 $(m-h_2)$ 行变号;$(m-h_1)(m-h_2)$ 次行互换

$$\xrightarrow{\hspace{7cm}}$$

$$\begin{pmatrix} r_{20} & r_{21} & \cdots & \cdots & r_{2d_2} & \cdots & \cdots & \\ & r_{20} & r_{21} & \cdots & \cdots & r_{2d_2} & & \\ & & \ddots & \ddots & & & \ddots & \\ & & & r_{20} & r_{21} & \cdots & \cdots & r_{2d_2} \\ & & r_{30} & r_{31} & \cdots & r_{3d_3} & \cdots & \\ & & & \ddots & \ddots & & \ddots & \\ & & & & r_{30} & r_{31} & \cdots & r_{3d_3} \end{pmatrix} \xrightarrow{\text{分块}} \begin{pmatrix} \boldsymbol{R}_2 & \cdots \\ & \boldsymbol{T}_2 \end{pmatrix}$$

其中

$$\boldsymbol{R}_2 = \begin{pmatrix} r_{20} & r_{21} & \cdots & \cdots & r_{2(p_2-1)} \\ & r_{20} & r_{21} & \cdots & r_{2(p_2-2)} \\ & & \ddots & \ddots & \vdots \\ & & & r_{20} & r_{21} \\ & & & & r_{20} \end{pmatrix}_{p_2 \times p_2}$$

$$\boldsymbol{T}_2 = \left. \begin{pmatrix} r_{20} & r_{21} & \cdots & \cdots & r_{2d_2} & \cdots & \\ & \ddots & \ddots & & & & \ddots \\ & & r_{20} & r_{21} & \cdots & \cdots & r_{2d_2} \\ r_{30} & r_{31} & \cdots & r_{3d_3} & \cdots & & \\ & r_{30} & r_{31} & \cdots & r_{3d_3} & & \\ & & \ddots & \ddots & & & \ddots \\ & & & r_{30} & r_{31} & \cdots & r_{3d_3} \end{pmatrix} \right\} \begin{matrix} m-(n-d_3) \text{ 行} \\ = m-h_3 \text{ 行} \\ \\ m-(n-d_2) \text{ 行} \\ = m-h_2 \text{ 行} \end{matrix}$$

　　一般的,如果 $n-d_{j-1} < m < n-d_j$ 对于某个 j 成立,则对 T_{j-2} 进行这样的行变换

乍者独特生活

起伏的年代，

大荒人，苍凉

的成长，人生

七无憾。

u带有几分灵

泛舟心海，

，江南烟雨

奇妙的画面，

约鸣唱。

笑竹
　玉
未圻
学波

ISBN
9 78

扫我了解更多
定

版
IING

$$T_{j-2} = \begin{bmatrix} r_{(j-2)0} & r_{(j-2)1} & \cdots & & \vdots & \vdots & r_{(j-2)d_{j-2}} & & \\ & r_{(j-2)0} & r_{(j-2)1} & \cdots & \vdots & \ddots & \vdots & r_{(j-2)d_{j-2}} & \\ & & \ddots & & & & & & \\ r_{(j-1)0} & r_{(j-1)1} & \cdots & \vdots & \vdots & r_{(j-1)d_{j-1}} & & & \\ & r_{(j-1)0} & r_{(j-1)1} & \cdots & \vdots & \ddots & \vdots & r_{(j-1)d_{j-1}} & \end{bmatrix} \begin{array}{l} \left. \right\} m-(n-d_{j-1}) \text{ 行} = m - h_{j-1} \text{ 行} \\ \left. \right\} m-(n-d_{j-2}) \text{ 行} = m - h_{j-2} \text{ 行} \end{array}$$

Sturm 定理

$$\text{第 1 行} - \text{第}(m-h_{j-1}+1)\ \text{行} \times \frac{r_{(j-2)0}}{r_{(j-1)0}},$$
$$\text{第 2 行} - \text{第}(m-h_{j-1}+2)\ \text{行} \times \frac{r_{(j-2)0}}{r_{(j-1)0}}, \cdots,$$
$$\text{第}(m-h_{j-1})\ \text{行} - \text{第}(2m-2h_{j-1})\ \text{行} \times \frac{r_{(j-2)0}}{r_{(j-1)0}}$$

$$\xrightarrow{}$$

$$\begin{pmatrix}
 & & & -r_{j0} & -r_{j1} & \cdots & & -r_{jd_j} & \cdots & \\
 & & & & \ddots & & \ddots & & & \ddots & \\
 & & & & & & -r_{j0} & & -r_{j1} & \cdots & -r_{jd_j} \\
r_{(j-1)0} & r_{(j-1)1} & \cdots & & \cdots & r_{(j-1)d_{j-1}} & & \cdots & \\
 & r_{(j-1)0} & r_{(j-1)1} & \cdots & & \cdots & r_{(j-1)d_{j-1}} & \cdots & \\
 & & \ddots & \ddots & & & & \ddots & \\
 & & & r_{(j-1)0} & r_{(j-1)1} & & \cdots & & \cdots & r_{(j-1)d_{j-1}}
\end{pmatrix}$$

$$\xrightarrow{\text{前}(m-h_{j-1})\text{行变号};(m-h_{j-2})(m-h_{j-1})\text{次行互换}}$$

$$\begin{pmatrix}
r_{(j-1)0} & r_{(j-1)1} & \cdots & r_{(j-1)d_{j-1}} & & & & & \\
 & r_{(j-1)0} & r_{(j-1)1} & \cdots & r_{(j-1)d_{j-1}} & & & \\
 & & \ddots & \ddots & & \ddots & & \\
 & & & r_{(j-1)0} & & r_{(j-1)1} & \cdots & r_{(j-1)d_{j-1}} & \\
 & & & & 0 & \cdots & r_{j0} & r_{j1} & \cdots & r_{jd_j} \\
 & & & & & \ddots & & \ddots & \ddots & \vdots \\
 & & & & & 0 & \cdots & r_{j0} & r_{j1} & \cdots & r_{jd_j}
\end{pmatrix}$$

$$\xrightarrow{\text{分块}}
\begin{pmatrix}
\boldsymbol{R}_{j-1} & \cdots \\
 & \boldsymbol{T}_{j-1}
\end{pmatrix}$$

其中

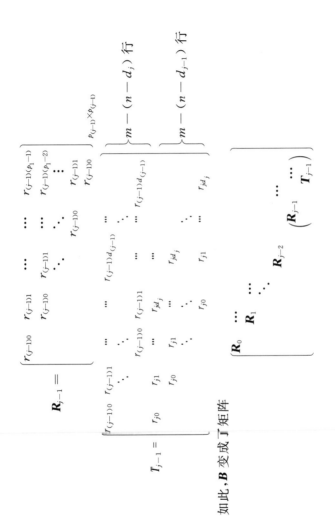

$$\boldsymbol{R}_{j-1} = \begin{pmatrix} r_{(j-1)0} & r_{(j-1)1} & \cdots & r_{(j-1)(p_{j}-1)} \\ & r_{(j-1)0} & \cdots & r_{(j-1)(p_{j}-2)} \\ & & \ddots & \vdots \\ & & & r_{(j-1)1} \\ & & & r_{(j-1)0} \end{pmatrix}_{p_{(j-1)} \times p_{(j-1)}}$$

$$\boldsymbol{T}_{j-1} = \begin{pmatrix} r_{(j-1)0} & r_{(j-1)1} & \cdots & r_{(j-1)d_{(j-1)}} \\ & \ddots & \ddots & & \ddots \\ & & r_{(j-1)0} & r_{(j-1)1} & \cdots & r_{(j-1)d_{(j-1)}} \\ r_{j0} & r_{j1} & \cdots & r_{jd_{j}} \\ & \ddots & \ddots & & \ddots \\ & & r_{j0} & r_{j1} & \cdots & r_{jd_{j}} \end{pmatrix} \begin{matrix} \Big\} & m-(n-d_{j}) \text{ 行} \\ \Big\} & m-(n-d_{j-1}) \text{ 行} \end{matrix}$$

如此，$\boldsymbol{B}$ 变成 $\boldsymbol{T}$ 矩阵

$$\boldsymbol{R}_{0} \quad \boldsymbol{R}_{1} \quad \cdots \quad \boldsymbol{R}_{j-2} \begin{pmatrix} \boldsymbol{R}_{j-1} \\ \vdots \\ \boldsymbol{T}_{j-1} \end{pmatrix}$$

或

既然 $m < n-d_j$ 即 $n-m > d_j$,于是这个矩阵的前 $2m$ 列(去掉最后 $n-m$ 列)所构成的子矩阵的对角线上至少含有一个 0,于是

$$| \boldsymbol{A}(m,0) | = 0$$

定理的第一部分得证。

现在,如果 $n-d_{j-1} < m = n-d_j$ 对于某个 j 成立,则

$$\boldsymbol{T}_{j-1} = \begin{pmatrix} r_{j0} & r_{j1} & \cdots & r_{jd_j} & & & \\ & r_{j0} & r_{j1} & \cdots & r_{jd_j} & & \\ & & \ddots & \ddots & & \ddots & \\ & & & r_{j0} & r_{j1} & \cdots & r_{jd_j} \end{pmatrix}_{(m-h_{j-1}) \times (n-h_{j-1})}$$

而 $\boldsymbol{B}$ 将变成矩阵

$$\begin{pmatrix} \boldsymbol{R}_0 & \cdots & & & & \\ & \boldsymbol{R}_1 & \cdots & & & \\ & & \ddots & & & \\ & & & \boldsymbol{R}_{j-2} & \cdots & \\ & & & & \boldsymbol{R}_{j-1} & \cdots \\ & & & & & \boldsymbol{T}_{j-1} \end{pmatrix}$$

或

60

$$
\begin{pmatrix}
\begin{pmatrix} r_{00} & r_{01} & \cdots & r_{1(t-1)} \\ & r_{00} & \cdots & r_{1(t-2)} \\ & & \ddots & \vdots \\ & & & r_{00} \end{pmatrix}_{p_0 \times p_0} \\
& \begin{pmatrix} r_{10} & r_{11} & \cdots & r_{1(p_1-1)} \\ & r_{10} & \cdots & r_{1(p_1-2)} \\ & & \ddots & \vdots \\ & & & r_{10} \end{pmatrix}_{p_1 \times p_1} \\
& & \ddots \\
& & & \begin{pmatrix} r_{(j-2)0} & r_{(j-2)1} & \cdots & r_{(j-2)(p_{(j-2)}-1)} \\ & r_{(j-2)0} & \cdots & r_{(j-2)(p_{(j-2)}-2)} \\ & & \ddots & \vdots \\ & & & r_{(j-2)0} \end{pmatrix}_{p_{j-2} \times p_{j-2}} \\
& & & & \begin{pmatrix} r_{(j-1)0} & r_{(j-1)1} & \cdots & r_{(j-1)d_{(j-1)}} & \cdots \\ & r_{(j-1)0} & r_{(j-1)1} & \cdots & r_{(j-1)d_{(j-1)}} \\ & & \ddots & \ddots & & \ddots \\ & & & r_{(j-1)0} & r_{(j-1)1} & \cdots & r_{(j-1)d_{(j-1)}} \\ & & & 0 & \cdots & r_{j0} & \cdots & r_{jd_j} & \cdots \\ & & & & \ddots & & \ddots & & \ddots \\ & & & & & 0 & \cdots & r_{j0} & \cdots & r_{jd_j} \end{pmatrix}_{\substack{[2m-(h_{j-2}+h_{j-1})] \times \\ [(n+m)-(h_{j-2}+h_{j-1})]}}
\end{pmatrix}
$$

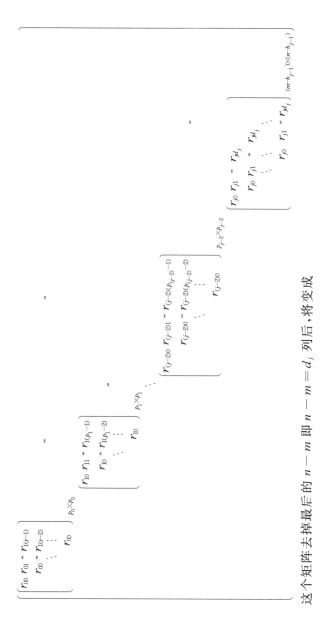

这个矩阵去掉最后的 $n-m$ 即 $n-m=d_j$ 列后，将变成

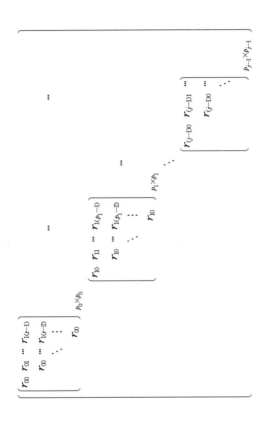

62

这个矩阵的行列式等于

$$(r_{00})^{p_0} \cdot (r_{10})^{p_1} \cdots (r_{(j-1)0})^{p_{j-1}} (r_{j0})^{(m-h_{j-1})}$$

或

$$(r_{00} \cdot r_{10})^{d_0-d_1} \cdot (r_{10} \cdot r_{20})^{d_1-d_2} \cdots (r_{(j-1)0} \cdot r_{j0})^{d_{j-1}-d_j} \text{①}$$

我们知道,行变换并不能改变行列式的绝对值,但可能相差一个符号,让我们来计算将 $\boldsymbol{B}$ 变换成最后那个矩阵的过程中出现的变号次数

$$\tau_j = \frac{1}{2}m(m-1) + \sum_{k=0}^{j-2}\left[(m-h_{k+1}) + (m-h_k) \cdot (m-h_{k+1})\right]$$

$$= \frac{1}{2}m(m-1) + \sum_{k=0}^{j-2}\left[(m-h_{k+1}) \cdot (m-h_k+1)\right]$$

（这里 $h_0 = 0$）

既然 $m = h_j = n - d_j = d_0 - d_j$,于是 τ_j 写成这样的形状

$$\frac{1}{2}(\sum_{k=0}^{j-1}(d_k - d_{k+1}) \cdot \sum_{k=0}^{j-1}(d_k - d_{k+1}) - 1) +$$

$$\sum_{k=0}^{j-2}\left[(d_k - d_j + 1) \cdot (d_{k+1} - d_j)\right]$$

---

①
$$(r_{00})^{p_0} \cdot (r_{10})^{p_1} \cdots (r_{(j-1)0})^{p_{j-1}} \cdot (r_{j0})^{(m-h_{j-1})}$$

$$= (r_{00})^{d_0-d_1} \cdot (r_{10})^{(d_0-d_2)} \cdot (r_{20})^{(d_1-d_3)} \cdots (r_{(j-1)0})^{(d_{(j-2)}-d_j)} \cdot$$
$$(r_{j0})^{(m-h_{j-1})}$$

$$= (r_{00})^{d_0-d_1} \cdot (r_{10})^{(d_0-d_2)} \cdot (r_{20})^{(d_1-d_3)} \cdots (r_{(j-1)0})^{(d_{(j-2)}-d_j)} \cdot$$
$$(r_{j0})^{(d_{(j-1)}-d_j)}$$

$$= (r_{00})^{d_0-d_1} \cdot (r_{10})^{(d_0-d_2)} \cdot (r_{20})^{(d_1-d_3)} \cdots (r_{(j-1)0})^{(d_{(j-2)}-d_{(j-1)})} \cdot$$
$$(r_{(j-1)0} \cdot r_{j0})^{(d_{(j-1)}-d_j)}$$

$$= \cdots = (r_{00})^{d_0-d_1} \cdot (r_{10})^{(d_0-d_1)} \cdot (r_{10} \cdot r_{20})^{(d_1-d_2)} \cdots$$
$$(r_{(j-2)0} \cdot r_{(j-1)0})^{(d_{(j-2)}-d_{(j-1)})} \cdot (r_{(j-1)0} \cdot r_{j0})^{(d_{(j-1)}-d_j)}$$

$$= (r_{00} \cdot r_{10})^{(d_0-d_1)} \cdot (r_{10} \cdot r_{20})^{(d_1-d_2)} \cdots (r_{(j-1)0} \cdot r_{j0})^{(d_{(j-1)}-d_j)}$$

为了完成定理的证明，还需证明 $(-1)^{\tau_j} = (-1)^{\delta_j}$，即我们要证明 $\tau_j \equiv \delta_j \pmod 2$。为符号简便起见，记

$$s_i = d_i - d_{i+1} \quad (i = 0, 1, \cdots)$$

则

$$\delta_j = \frac{1}{2} \sum_{k=0}^{j-1} \left[(d_k - d_{k+1} - 1) \cdot (d_k - d_{k+1}) \right]$$

$$= \frac{1}{2} \sum_{k=0}^{j-1} \left[(s_k - 1) s_k \right]$$

$$\tau_j = \frac{1}{2} \left[\sum_{i=0}^{j-1} s_i \right] \cdot \left[\sum_{i=0}^{j-1} s_i - 1 \right] + \sum_{k=0}^{j-2} \left[\sum_{i=k}^{j-1} s_i + 1 \right] \cdot \left[\sum_{i=k+1}^{j-1} s_i \right]$$

注意到

$$\frac{1}{2} \left[\sum_{i=0}^{j-1} s_i \right] \cdot \left[\sum_{i=0}^{j-1} s_i - 1 \right]$$

$$= \frac{1}{2} \left[\sum_{i=0}^{j-1} s_i \right]^2 - \frac{1}{2} \left[\sum_{i=0}^{j-1} s_i \right]$$

$$= \frac{1}{2} \left[\sum_{i=0}^{j-1} s_i^2 + 2 \sum_{0 \leqslant i < k < j-1} s_i \cdot s_k \right] - \frac{1}{2} \left[\sum_{i=0}^{j-1} s_i \right]$$

$$= \frac{1}{2} \sum_{i=0}^{j-1} s_i^2 + \sum_{0 \leqslant i < k < j-1} s_i \cdot s_k - \frac{1}{2} \left[\sum_{i=0}^{j-1} s_i \right]$$

$$= \frac{1}{2} \sum_{k=0}^{j-1} \left[(s_k - 1) s_k \right] + \sum_{0 \leqslant i < k < j-1} s_i \cdot s_k$$

$$= \delta_j + \sum_{0 \leqslant i < k < j-1} s_i \cdot s_k$$

另一方面

$$\sum_{k=0}^{j-2} \left[\sum_{i=k}^{j-1} s_i + 1 \right] \cdot \left[\sum_{i=k+1}^{j-1} s_i \right]$$

$$= \sum_{k=0}^{j-2} \left(s_k + 1 + \sum_{i=k+1}^{j-1} s_i \right) \cdot \left(\sum_{i=k+1}^{j-1} s_i \right)$$

64

$$= \sum_{k=0}^{j-2}\Big[(s_k+1)\cdot\big(\sum_{i=k+1}^{j-1}s_i\big)+\sum_{i=k+1}^{j-1}(s_i)^2\Big]$$

$$\equiv \sum_{k=0}^{j-2}\Big[(s_k+1)\cdot\big(\sum_{i=k+1}^{j-1}s_i\big)+\sum_{i=k+1}^{j-1}s_i\Big](\bmod 2)$$

$$\equiv \sum_{k=0}^{j-2}\Big[s_k\cdot\big(\sum_{i=k+1}^{j-1}s_i\big)\Big](\bmod 2)$$

$$= \sum_{0\leqslant i<k<j-1}s_i\cdot s_k$$

将上面两式相加就有 $\tau_k\equiv\delta_k(\bmod 2)$。

6　多项式的判别式序列·斯图姆-塔斯基序列变号数的计算

既然应用斯图姆-塔斯基定理的关键是计算 $V[\mathrm{ST}(f,f'g)]_a^b$，这一小节，我们就专门来从事这个工作。

为了完成结果的叙述，我们还要给出几个必要的定义。

对于给定的有限个实数的序列 $h_1,h_2,\cdots,h_n$ $(h_1\neq 0)$，相应于这个序列的符号列

$$[\varepsilon_1,\varepsilon_2,\cdots,\varepsilon_n]$$

叫作原序列的符号表，这里

$$\varepsilon_1=\mathrm{sgn}(h_1),\varepsilon_2=\mathrm{sgn}(h_2),\cdots,\varepsilon_n=\mathrm{sgn}(h_n)$$

根据这个符号表我们来定义一个符号修订表

$$[\varepsilon_1{}',\varepsilon_2{}',\cdots,\varepsilon_n{}']$$

其构造规则如下

(1) 如果 $[\varepsilon_i,\varepsilon_{i+1},\cdots,\varepsilon_{i+j}]$ 是所给符号表中的一段，并有 $\varepsilon_i\neq 0;\varepsilon_{i+1}=\varepsilon_{i+2}=\cdots=\varepsilon_{i+j-1}=0;\varepsilon_{i+j}\neq 0$，则

将此段中由 0 元素构成的序列

$$[\varepsilon_{i+1},\varepsilon_{i+2},\cdots,\varepsilon_{i+j-1}]$$

代之以项数相同的下述序列

$$[-\varepsilon_i,-\varepsilon_i,\varepsilon_i,\varepsilon_i,-\varepsilon_i,-\varepsilon_i,\varepsilon_i,\varepsilon_i,-\varepsilon_i,\cdots]$$

换一种较为形式化却未必直观的说法,就是令

$$\varepsilon_{i+r}{}'=(-1)^{\frac{r(r+1)}{2}}\cdot\varepsilon_i,r=1,2,\cdots,j-1$$

(2)除此之外,$\varepsilon_k{}'=\varepsilon_k$,即其余各项保持不变。

例如,按照上述规则将符号表

$$[1,-1,0,0,0,0,0,1,0,0,-1,-1,1,0,0,0]$$

修订后得到的符号修订表为

$$[1,-1,1,1,-1,-1,1,1,-1,-1,-1,-1,1,0,0,0]$$

再引进一个重要的概念。设 $f(x),g(x)$ 为域 P 上的任意两个多项式,则 $f(x)$ 关于 $g(x)$ 的判别矩阵 $\boldsymbol{D}(f,g)$ 定义为

$$\boldsymbol{D}(f,g)=\begin{cases}\boldsymbol{A}(f,g),\partial(f(x))>\partial(g(x))\\\boldsymbol{A}(f,\mathrm{rem}(f,g)),\partial(f(x))\leqslant\partial(g(x))\end{cases}$$

这里 $\boldsymbol{A}(f,g)$ 表示 $f(x)$ 关于 $g(x)$ 的西尔维斯特第二矩阵,而 $\boldsymbol{A}(f,\mathrm{rem}(f,g))$ 表示 $f(x)$ 关于余式 $\mathrm{rem}(f,g)(g(x)$ 除以 $f(x)$ 所得)的西尔维斯特第二矩阵;同时把下面的序列

$$D_0,D_1,D_2,\cdots,D_n$$

称为 $f(x)$ 关于 $g(x)$ 的判别式序列,这里 $D_0=1$,而 $D_m(m=1,2,\cdots,n)$ 表示 $D(f,g)$ 的 $2m$ 阶顺序主子式。

现在可以来计算 $f(x)$ 关于任何多项式 $g(x)$ 的斯图姆-塔斯基序列的变号数了。

预备定理 1 设 $f(x),g(x)$ 为实数域上的两个多项式,$a,b(a<b)$ 是满足 $f(a)f(b)\neq0$ 的任意两个

实数,若 $f(x)$ 的次数小于 $g(x)$ 的次数,则

$$V[\mathrm{ST}(f,g)]_a^b = V[\mathrm{ST}(f,\mathrm{rem}(g,f))]_a^b$$

这里 $\mathrm{rem}(g,f)$ 表示 $g(x)$ 除 $f(x)$ 的余式。

证明　当 $f(x)$ 次数小于 $g(x)$ 的次数时,设 $f(x)$ 关于 $g(x)$ 的斯图姆-塔斯基序列为

$$f(x),g(x),-f(x),-\mathrm{rem}(g,f),-r_1(g,f),\cdots,-r_s(x)$$

此时,$f(x)$ 关于 $\mathrm{rem}(g,f)$ 的斯图姆-塔斯基序列为

$$f(x),\mathrm{rem}(g,f),r_1(g,f),\cdots,r_s(x)$$

既然 $f(a) \neq 0$,则不论 $g(a)$ 为何值,序列

$$f(x),g(x),-f(x)$$

在 a 处的变号数均为 1。而序列

$$-f(x),-\mathrm{rem}(g,f),-r_1(g,f),\cdots,-r_s(x)$$

与序列

$$f(x),\mathrm{rem}(g,f),r_1(g,f),\cdots,r_s(x)$$

之间的差异仅在于一个负号,因此它们在 a 处的变号数应该相等,于是

$$V_a[\mathrm{ST}(f,g)] = V_a[\mathrm{ST}(f,\mathrm{rem}(g,f))]+1$$

由于同样的理由

$$V_b[\mathrm{ST}(f,g)] = V_b[\mathrm{ST}(f,\mathrm{rem}(g,f))]+1$$

最后

$$V[\mathrm{ST}(f,g)]_a^b = V[\mathrm{ST}(f,\mathrm{rem}(g,f))]_a^b$$

预备定理 2　$f(x)$ 关于 $g(x)$ 的斯图姆-塔斯基序列 $r_0(x),r_1(x),\cdots,r_k(x)$ 与判别式序列 $D_1(f)$, $D_2(f),\cdots,D_n(f)$ 之间有如下关系:

(1) 对于某个 j,若 $m \neq h_j = n-d_j (1 \leqslant j \leqslant k)$,则 $D_m(f)=0$,即 $D_{h_j+1}=0,D_{h_j+2}=0,\cdots,D_{h_{j+1}-1}=0$,这就是说,在判别式序列中,介于 D_{h_j} 与 $D_{h_{j+1}}$ 之间的所有项都是 0。

67

（2）若 $m = h_j = n - d_j$ 对于某个 $j (1 \leqslant j \leqslant k)$ 成立，则

$$D_m(f) = (-1)^{\delta_j} \cdot (r_{00} \cdot r_{10})^{d_0 - d_1} \cdot (r_{10} \cdot r_{20})^{d_1 - d_2} \cdots \cdot$$
$$(r_{(j-1)0} \cdot r_{j0})^{d_{j-1} - d_j}$$

又令 $\sigma_i = D_{h_i}(f)$，即 σ_i 是判别式序列 $D_1(f)$，$D_2(f), \cdots, D_n(f)$ 中的第 i 个非零的项，则有

$$\frac{\sigma_{i+1}}{\sigma_i} = (-1)^{(d_i - d_{i+1} - 1) \cdot (d_i - d_{i+1})/2} \cdot (r_{i0} \cdot r_{(i+1)0})^{d_i - d_{i+1}}$$

预备定理 2 可由上小节定理 4 直接得出。

定理 5 设 $f(x), g(x)$ 为实数域上的多项式，如果 $f(x)$ 关于 $g(x)$ 的判别式序列的符号修订表的变号数为 v，并且有 p 个非零项，那么 $f(x)$ 关于 $g(x)$ 的斯图姆-塔斯基序列在 $+\infty$ 和 $-\infty$ 处的差为 $p - 2v - 1$。

证明 我们先就 $f(x)$ 的次数大于 $g(x)$ 这一情形来证明。此时 $f(x)$ 关于 $g(x)$ 的斯图姆-塔斯基序列——$r_0(x), r_1(x), \cdots, r_k(x)$ 在 $-\infty$ 和 $+\infty$ 处的符号是

$$-\infty : (-1)^{d_i} \cdot r_{i0}, i = 0, 1, \cdots, k$$
$$+\infty : r_{i0}, i = 0, 1, \cdots, k$$

为了计算出 $V[\mathrm{ST}(f,g)]_{-\infty}^{+\infty}$，首先注意到下面明显的事实：对于任意给定的有限个非零实数的序列

$$h_0, h_1, \cdots, h_n$$

它的变号数等于序列

$$h_0 h_1, h_1 h_2, \cdots, h_{n-1} h_n$$

中负项的个数，或者进一步可用和式

$$\sum_{i=0}^{n-1} \frac{1}{2}(1 - \mathrm{sgn}(h_i h_{i+1}))$$

来表示。

如此

$$V[\mathrm{ST}(f,g)]_{-\infty}^{+\infty}$$

$$= \sum_{i=0}^{k-1} \frac{1}{2}\big[1 - \mathrm{sgn}((-1)^{d_i+d_{i+1}} \cdot r_{i0} \cdot r_{(i+1)0})\big] -$$

$$\sum_{i=0}^{k-1} \frac{1}{2}\big[1 - \mathrm{sgn}(r_{i0} \cdot r_{(i+1)0})\big]$$

$$= \sum_{i=0}^{k-1} \frac{1}{2}\big[1 - (-1)^{d_i+d_{i+1}}\big] \cdot \mathrm{sgn}(r_{i0} \cdot r_{(i+1)0})$$

$$= \sum_{i=0}^{k-1} \frac{1}{2}\big[1 - (-1)^{d_i-d_{i+1}}\big] \cdot \mathrm{sgn}(r_{i0} \cdot r_{(i+1)0})$$

$$\left(\text{注意到} \frac{(-1)^{d_i+d_{i+1}}}{(-1)^{d_i-d_{i+1}}} = (-1)^{2d_{i+1}} = 1\right)$$

$$= \sum_{i=0,\,(d_i-d_{i+1}-1)\text{是偶数}}^{k-1} \mathrm{sgn}(r_{i0} \cdot r_{(i+1)0})$$

另一方面,设 $f(x)$ 关于 $g(x)$ 的判别式序列为

$$D_0, D_1, D_2, \cdots, D_n$$

由预备定理 2,其符号表为

$$\varepsilon_0 = 1, \varepsilon_1 = \varepsilon_{h_1} = \mathrm{sgn}(\sigma_1) \neq 0,$$

$$\varepsilon_2 = \varepsilon_{h_1+1} = 0, \cdots, \varepsilon_{h_2-1} = 0,$$

$$\varepsilon_{h_2} = \mathrm{sgn}(\sigma_2) \neq 0, \cdots,$$

$$\varepsilon_{h_{k-1}} = \mathrm{sgn}(\sigma_{k-1}) \neq 0,$$

$$\varepsilon_{h_{k-1}+1} = 0, \cdots, \varepsilon_{h_k-1} = 0,$$

$$\varepsilon_{h_k} = \mathrm{sgn}(\sigma_k) \neq 0, \varepsilon_{h_k+1} = 0, \cdots, \varepsilon_n = 0$$

设判别式序列的符号修订表为

$$\varepsilon_0{}', \varepsilon_1{}', \varepsilon_2{}', \cdots, \varepsilon_n{}'$$

根据符号修订表的定义

$$\varepsilon_0{}' = 1$$

$$\varepsilon_{h_i+t_i}{}' = (-1)^{\frac{t_i(t_i+1)}{2}} \cdot \mathrm{sgn}(\sigma_i)$$

$$(i = 1,2,\cdots,k-1; t_i = 1,\cdots,d_i - d_{i+1} - 1;$$

$$\varepsilon_{h_k}{}' = \mathrm{sgn}(\sigma_k); \varepsilon_j{}' = 0 \quad (j > h_k)$$

并因此符号修订表有 $p = h_k + 1$ 个非零项。这个序列的变号数为 v,现在来计算 $p - 2v - 1$,即

$$p - 2v - 1 = p - 1 - 2 \cdot \sum_{i=0}^{p-2} \frac{1}{2}(1 - \mathrm{sgn}(\varepsilon_i{}' \cdot \varepsilon_{i+1}{}'))$$

$$= \sum_{i=0}^{p-2} \mathrm{sgn}(\varepsilon_i{}' \cdot \varepsilon_{i+1}{}')$$

$$= \sum_{i=0}^{h_k-1} \mathrm{sgn}(\varepsilon_i{}' \cdot \varepsilon_{i+1}{}')$$

最后一个和式无非是下列 h_k 个数的符号的和

$$\varepsilon_0{}'\varepsilon_1{}', \varepsilon_1{}'\varepsilon_2{}', \varepsilon_2{}'\varepsilon_3{}', \cdots, \varepsilon_{h_k-1}{}'\varepsilon_{h_k}{}'$$

我们把它分成 k 组

$$\varepsilon_0{}'\varepsilon_1{}'$$

$$\varepsilon_1{}'\varepsilon_2{}' = \varepsilon_{h_1}{}'\varepsilon_{h_1+1}{}', \varepsilon_{h_1+1}{}'\varepsilon_{h_1+2}{}', \cdots, \varepsilon_{h_2-1}{}'\varepsilon_{h_2}{}'$$

$$\varepsilon_{h_2}{}'\varepsilon_{h_2+1}{}', \varepsilon_{h_2+1}{}'\varepsilon_{h_2+2}{}', \cdots, \varepsilon_{h_3-1}{}'\varepsilon_{h_3}{}'$$

$$\vdots$$

$$\varepsilon_{h_{k-1}}{}'\varepsilon_{h_{k-1}+1}{}', \varepsilon_{h_{k-1}+1}{}'\varepsilon_{h_{k-1}+2}{}', \cdots, \varepsilon_{h_k-1}{}'\varepsilon_{h_k}{}'$$

这里第 $i+1$ 组的数的个数为 $h_i - h_{i-1} = d_{i-1} - d_i (i = 1,2,\cdots,k-1)$,于是

$$\sum_{i=0}^{h_k-1} \mathrm{sgn}(\varepsilon_i{}' \cdot \varepsilon_{i+1}{}')$$

$$= \mathrm{sgn}(\varepsilon_0{}' \cdot \varepsilon_1{}') + \sum_{i=1}^{k-1}\left(\sum_{j=0}^{d_i-d_{i+1}-1} \mathrm{sgn}(\varepsilon_{h_i+j}{}' \cdot \varepsilon_{h_i+j+1}{}')\right)$$

可以将后面那个连加号中的最后一项

$$\mathrm{sgn}(\varepsilon_{h_i+(d_i-d_{i+1}-1)}{}' \cdot \varepsilon_{h_i+(d_i-d_{i+1})}{}')$$

$$= \mathrm{sgn}(\varepsilon_{h_i+(d_i-d_{i+1}-1)}{}' \cdot \varepsilon_{h_{i+1}}{}')$$

提出

$$\sum_{i=0}^{h_k-1} \mathrm{sgn}(\varepsilon_i{}' \cdot \varepsilon_{i+1}{}')$$

$$= \mathrm{sgn}(\varepsilon_0{}' \cdot \varepsilon_1{}') + \sum_{i=1}^{k-1} \left(\sum_{j=0}^{d_i-d_{i+1}-1} \mathrm{sgn}(\varepsilon_{h_i+j}{}' \cdot \varepsilon_{h_i+j+1}{}') + \right.$$

$$\left. \mathrm{sgn}(\varepsilon_{h_i+(d_i-d_{i+1}-1)}{}' \cdot \varepsilon_{h_{i+1}}{}') \right)$$

既然

$$\varepsilon_0{}' = 1 ; \varepsilon_{h_i+t_i}{}' = (-1)^{\frac{t_i(t_i+1)}{2}} \cdot \mathrm{sgn}(\sigma_i)$$

$$(i = 1, 2, \cdots, k-1 ; t_i = 0, \cdots, d_i - d_{i+1} - 1)$$

代入我们将得到

$$\sum_{i=0}^{h_k-1} \mathrm{sgn}(\varepsilon_i{}' \cdot \varepsilon_{i+1}{}')$$

$$= \mathrm{sgn}(\sigma_1) + \sum_{i=1}^{k-1} \left[\sum_{j=0}^{d_i-d_{i+1}-2} (-1)^{\frac{j(j+1)}{2}+\frac{(j+1)(j+2)}{2}} \cdot \right.$$

$$\left. \mathrm{sgn}(\sigma_i^2) + (-1)^{\frac{(d_i-d_{i+1}-1)(d_i-d_{i+1})}{2}} \cdot \mathrm{sgn}(\sigma_i \cdot \sigma_{i+1}) \right]$$

再

$$\sigma_1 = r_{00} \cdot r_{10}$$

$$\frac{\sigma_{i+1}}{\sigma_i} = (-1)^{(d_i-d_{i+1}-1) \cdot (d_i-d_{i+1})/2} \cdot (r_{i0} \cdot r_{(i+1)0})^{d_i-d_{i+1}}$$

于此

$$\sum_{i=0}^{h_k-1} \mathrm{sgn}(\varepsilon_i{}' \cdot \varepsilon_{i+1}{}')$$

$$= \mathrm{sgn}(r_{00} \cdot r_{10}) + \sum_{i=1}^{k-1} \left[\sum_{j=0}^{d_i-d_{i+1}-2} (-1)^{\frac{j(j+1)}{2}+\frac{(j+1)(j+2)}{2}} \cdot \right.$$

$$\mathrm{sgn}(\sigma_i^2) + (-1)^{(d_i-d_{i+1}-1)(d_i-d_{i+1})} \cdot$$

$$\left. \mathrm{sgn}((r_{i0} \cdot r_{(i+1)0})^{d_i-d_{i+1}} \cdot \sigma_i^2) \right]$$

而

$$\sigma_i^2 = 1$$

所以

$$\sum_{i=0}^{h_k-1} \mathrm{sgn}(\varepsilon_i{}' \cdot \varepsilon_{i+1}{}')$$

$$=\mathrm{sgn}(r_{00} \cdot r_{10}) + \sum_{i=1}^{k-1} [\sum_{j=0}^{d_i-d_{i+1}-2} (-1)^{\frac{i(j+1)}{2}+\frac{(j+1)(j+2)}{2}} +$$

$$(-1)^{(d_i-d_{i+1}-1)(d_i-d_{i+1})} \cdot \mathrm{sgn}((r_{i0} \cdot r_{(i+1)0})^{d_i-d_{i+1}})]$$

进一步,等式的右端后面一部分可进行明显的变形如下

$$\sum_{i=1}^{k-1} (\sum_{j=0}^{d_i-d_{i+1}-1} (-1)^{\frac{i(j+1)}{2}+\frac{(j+1)(j+2)}{2}} +$$

$$(-1)^{(d_i-d_{i+1}-1)(d_i-d_{i+1})} \cdot \mathrm{sgn}((r_{i0} \cdot r_{(i+1)0})^{d_i-d_{i+1}})$$

$$=\sum_{i=1}^{k-1} (\sum_{j=0}^{d_i-d_{i+1}-1} (-1)^{(j+1)^2} +$$

$$(-1)^{(d_i-d_{i+1}-1)(d_i-d_{i+1})} \cdot \mathrm{sgn}((r_{i0} \cdot r_{(i+1)0})^{d_i-d_{i+1}})$$

$$=\sum_{i=1}^{k-1} (\sum_{j=0}^{d_i-d_{i+1}-1} (-1)^{j+1} + (-1)^{(d_i-d_{i+1}-1)(d_i-d_{i+1})} \cdot$$

$$\mathrm{sgn}((r_{i0} \cdot r_{(i+1)0})^{d_i-d_{i+1}})$$

$$((j+1)^2 \text{ 与 } j+1 \text{ 奇偶性相同})$$

$$=\sum_{i=1}^{k-1} (\frac{-1+(-1)^{d_i-d_{i+1}-1}}{2} + \mathrm{sgn}((r_{i0} \cdot r_{(i+1)0})^{d_i-d_{i+1}})$$

$$((d_i-d_{i+1}-1)(d_i-d_{i+1}-1) \text{ 是偶数})$$

$$=\sum_{i=1,(d_i-d_{i+1}-1)\text{是偶数}}^{k-1} (\frac{-1+(-1)^{d_i-d_{i+1}-1}}{2} +$$

$$\mathrm{sgn}((r_{i0} \cdot r_{(i+1)0})^{d_i-d_{i+1}}) +$$

$$\sum_{i=1,(d_i-d_{i+1}-1)\text{是奇数}}^{k-1} (\frac{-1+(-1)^{d_i-d_{i+1}-1}}{2} +$$

$$\mathrm{sgn}((r_{i0} \cdot r_{(i+1)0})^{d_i-d_{i+1}})$$

$$=\sum_{i=1,(d_i-d_{i+1}-1)\text{是偶数}}^{k-1} (\mathrm{sgn}(r_{i0} \cdot r_{(i+1)0}))$$

最后

$$\sum_{i=0}^{h_k} \mathrm{sgn}(\varepsilon_i{}' \cdot \varepsilon_{i+1}{}')$$

$$= \mathrm{sgn}(r_{00} \cdot r_{10}) +$$

$$\sum_{i=1,(d_i-d_{i+1}-1)\text{是偶数}}^{k-1} (\mathrm{sgn}(r_{i0} \cdot r_{(i+1)0}))$$

$$= \sum_{i=0,(d_i-d_{i+1}-1)\text{是偶数}}^{k-1} (\mathrm{sgn}(r_{i0} \cdot r_{(i+1)0}))$$

到此,实际上我们已经证明了

$$V[D_0(f),D_1(f),\cdots,D_n(f)]_{-\infty}^{+\infty} = p - 2v - 1$$

在 $f(x)$ 的次数小于或等于 $g(x)$ 时,根据刚才所证明的,应该有

$$V[\mathrm{ST}(f,\mathrm{rem}(f,g))]_{-\infty}^{+\infty} = p - 2v - 1$$

可是按照预备定理 1

$$V[\mathrm{ST}(f,g)]_{-\infty}^{+\infty} = V[\mathrm{ST}(f,\mathrm{rem}(f,g))]_{-\infty}^{+\infty}$$

到此定理完全得到证明。

73

几个相关问题

在苏联大学生数学竞赛中有一道 1976 年工艺学院的试题：

试题 1 试证：多项式 $p(x)=1+\dfrac{x}{1!}+\dfrac{x^2}{2!}+\cdots+\dfrac{x^n}{n!}$ 没有重根。

2008 年浙江省大学生数学竞赛试题中的第五大题：

试题 2 证明：对 $\forall x\in\mathbf{R}$，有

$$1+x+\frac{x^2}{2!}+\frac{x^3}{3!}+\frac{x^4}{4!}>0$$

2006 年浙江省大学生数学竞赛试题中的第二大题：

试题 3 设 $f(x)=\mathrm{e}^x-\dfrac{x^3}{6}$。问 $f(x)=0$ 有几个实根？

在常庚哲·史济怀先生所编的《数学分析教程(第一册)》(江苏教育出版社,1998 年) 第 216 页中有如下的习题:

试题 4　令 $p_n(x)=1+x+\dfrac{x^2}{2!}+\cdots+\dfrac{x^n}{n!}$,$n\in$ **N**。求证:

(1) 当 $x<0$ 时,$p_{2n}(x)>\mathrm{e}^x>p_{2n+1}(x)$;

(2) 当 $x>0$ 时,$\mathrm{e}^x>p_n(x)\geqslant\left(1+\dfrac{x}{n}\right)^n$;

(3) 对一切实数 x,有 $\mathrm{e}^x=\displaystyle\sum_{n=0}^{\infty}\dfrac{x^n}{n!}$。

注　假定 $A,a_0,a_1,a_2,\cdots$ 全是实数,若对所有 $n=0,1,2,\cdots$,有

$$A-(a_0+a_1+a_2+\cdots+a_n)=\theta_n a_{n+1}\quad(0<\theta_n<1)$$

则称级数 $a_0+a_1+\cdots+a_n+\cdots$ 包围数 A。事实上,它介于两个相继的部分和之间。

1983 年四川师范学院的一道招收硕士学位研究生考试的试题为:

试题 5　设 $f_n(x)=1+x+\dfrac{x^2}{2!}+\cdots+\dfrac{x^n}{n!}$,其中 n 是任一自然数。求证:方程 $f_n(x)\cdot f_{n+1}(x)=0$ 在实数域内有唯一实根。

注　若 $f_n(x)\cdot f_{n+1}(x)=0$,则可推出 $f_n(x)=0$ 或者 $f_{n+1}(x)=0$,且它们中只能有一个有实根且是唯一一个。但这个结论并没有说明 n 取何值时有唯一实根,n 取何值时无实根。

用解决试题 1 的方法还可以解决如下的命题。

命题　证明:对于所有的整数 $m\geqslant 0$,有

$$p(x,n,m)=\frac{x^n}{(n+1)^m}+\frac{x^{n-1}}{n^m}+\cdots+\frac{x}{2^m}+1$$

当 n 为偶数时无实根，当 n 为奇数时仅有一个实根。

证明　易知

$$p(x,n,0)=x^n+x^{n-1}+\cdots+x+1$$

当 n 为偶数时无实根，当 n 为奇数时仅有一个实根 -1。下面对 m 用归纳法证明。

假设结论对于 m 成立，则由

$$[xp(x,n,m+1)]'=[\frac{x^{n+1}}{(n+1)^{m+1}}]'+[\frac{x^n}{n^{m+1}}]'+\cdots+x'$$

$$=\frac{x^n}{(n+1)^m}+\frac{x^{n-1}}{n^m}+\cdots+\frac{x}{2^m}+1$$

$$=p(x,n,m)$$

知，当 $p(x,n,m)$ 仅有一实根时，$xp(x,n,m+1)$ 仅有两个实根，从而 $p(x,n,m+1)$ 仅有一个实根；当 $p(x,n,m)$ 无实根时，$xp(x,n,m)$ 仅有一个实根，从而 $p(x,n,m+1)$ 无实根。

试题 6　设有 n 次多项式方程

$$1-x+\frac{x^2}{2}-\frac{x^3}{3}+\cdots+(-1)^n\frac{x^n}{n}=0$$

试证：当 n 为奇数时，方程恰有一个实数根；当 n 为偶数时，方程无实数根。

证明　令 $f(x)=1-x+\frac{x^2}{2}-\frac{x^3}{3}+\cdots+(-1)^n\frac{x^n}{n}$，则当 n 为奇数时，因为 $\lim\limits_{x\to\pm\infty}f(x)=\mp\infty$，所以当 $x>0$ 充分大时，$f(x)\cdot f(-x)<0$。此时，在 $(-x,x)$ 内必有 $f(x)=0$ 的实根。又对 $\forall x\in(-\infty,+\infty)$，有

$$f'(x)=-1+x-x^2+x^3-\cdots+(-1)^n x^{n-1}$$

$$=\begin{cases}-\dfrac{1+x^n}{1+x}, & x\neq-1 \\ -n, & x=-1\end{cases}$$

由此可见，$f(x)$ 严格单调下降，从而当 n 为奇数时，$f(x)=0$ 恰有一个实数根；当 n 为偶数时

$$
\begin{aligned}
f'(x) &= -1+x-x^2+x^3-\cdots+(-1)^n x^{n-1} \\
&= (-1+x)+(-x^2+x^3)+\cdots+(-x^{n-2}+x^{n-1}) \\
&= (x-1)+x^2(x-1)+\cdots+x^{n-2}(x-1) \\
&= (x-1)(1+x^2+\cdots+x^{n-2}) \\
&= (x-1)\frac{1-x^n}{1-x^2} \\
&= \begin{cases} <0, & x<1 \\ =0, & x=1 \\ >0, & x>1 \end{cases}
\end{aligned}
$$

由此可见，点 $x=1$ 是函数 $f(x)$ 在 $(-\infty,+\infty)$ 内的唯一极值点，并且是极小值点。从而在点 $x=1$ 处达到函数 $f(x)$ 在 $(-\infty,+\infty)$ 内的最小值，又由

$$
\begin{aligned}
f(1) &= (1-1)+\left(\frac{1}{2}+\frac{1}{3}\right)+\left(\frac{1}{4}-\frac{1}{5}\right)+\cdots+ \\
&\quad \left(\frac{1}{n-2}+\frac{1}{n-1}\right)+\frac{1}{n}>0
\end{aligned}
$$

可知 $f(x)\geqslant f(1)>0$。

于是，当 n 为偶数时，方程无实数根。

注　同样，我们也可以将方程中的符号全都改为"+"，也会有相同的结论。可用罗尔定理证明如下：

当 $x\neq 1$ 时

$$
f'(x)=1+x+x^2+\cdots+x^{n-1}=\frac{x^n-1}{x-1}
$$

$f(x)$ 除 0 外显然无正根，且 $f'(0)\neq 0$，故 0 只是 $f(x)=0$ 的单根，于是，若 $f(x)=0$ 尚有其他实根，则必为负根。然而当 n 为奇数时，无任何复数使 x^n-1 的值为 0，故 $f(x)$ 即使有负根也必为单根。设 a 为

$f(x)=0$ 的最大负根,则 a 与 0 为 $f(x)=0$ 的两个邻根,由罗尔定理知,$f'(x)=0$ 必有负根,这说明了 n 为奇数时,$f(x)=0$ 除 0 外再无别的实根。但当 n 为偶数时,由于虚根成对出现,于是除 0 外 $f(x)$ 尚有负根 γ;γ 绝不是 $f(x)=0$ 的重根(因 $f'(\gamma)=0 \Rightarrow \gamma^{n}=1 \Rightarrow$ $\gamma=-1$,而 $f(-1)= -\left(1-\dfrac{1}{2}\right)-\left(\dfrac{1}{3}-\dfrac{1}{4}\right)-\cdots-$ $\left(\dfrac{1}{n-1}-\dfrac{1}{n}\right)<0$);若 $f(x)=0$ 有两个以上的负根,令 λ,μ 为两个相邻的负根,则据罗耳定理可知,$f'(x)$ 有负根 ν 使 $\lambda<\nu<\mu$,但 $f'(x)$ 的负根只能为 -1,故 $\nu=-1$。 因为 $-1< \mu<0, f(\mu)= \mu\left(1+\dfrac{\mu}{2}\right)+$ $\mu^{3}\left(\dfrac{1}{3}+\dfrac{\mu}{4}\right)+\cdots+\mu^{n-1}\left(\dfrac{1}{n-1}+\dfrac{\mu}{n}\right)<0$ 与 $f(\mu)=0$ 相抵,不成立。这说明了当 n 为偶数时,$f(x)$ 有唯一的负实根(单根)。

实变多项式函数的中间值定理

第 4 章

　　设 $f(x)$ 是一个实系数多项式,令 x 为可以在实数系中任意变动的实变数,则 $y = f(x)$ 就是一个实变多项式函数。它的图示曲线直观上是一条连续曲线(图 1)。若有 a, b 两点,使得 $f(a)f(b) < 0$,则当 $a \leqslant x \leqslant b$ 时,$y = f(x)$ 的图示曲线就是一条联结 $(a, f(a))$ 和 $(b, f(b))$ 这两点的连续曲线。因为假设了 $f(a), f(b)$ 异号,所以 $(a, f(a))$ 和 $(b, f(b))$ 分别在 x 轴两侧,从直观来看,一条联结 x 轴两侧的连续曲线和 x 轴至少有一个交点,这也就是下面要加以严格证明的中间值定理。

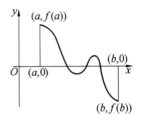

图 1

中间值定理 设 $y=f(x)$ 为一实变多项式函数，它在 a,b 两处的值 $f(a),f(b)$ 异号，则在 a,b 之间必定存在一个实数 $a<\xi<b$，使得 $f(\xi)=0$。

证明 （1）令 $a_1=a,b_1=b$。然后以 $\dfrac{a_1+b_1}{2}$ 代入 $f(x)$。若 $f\left(\dfrac{a_1+b_1}{2}\right)=0$，则可取 $\xi=\dfrac{a_1+b_1}{2}$，从而本定理得证。不然，则 $f\left(\dfrac{a_1+b_1}{2}\right)$ 当然会和 $f(a_1)$，$f(b_1)$ 中之一异号。

若

$$\begin{cases} f\left(\dfrac{a_1+b_1}{2}\right)f(a_1)<0,\text{则令 } a_2=a_1,b_2=\dfrac{a_1+b_1}{2} \\[3mm] f\left(\dfrac{a_1+b_1}{2}\right)f(b_1)<0,\text{则令 } a_2=\dfrac{a_1+b_1}{2},b_2=b_1 \end{cases}$$

这样选取 a_2,b_2，就使得 $f(a_2)f(b_2)<0$。

再以 $\dfrac{a_2+b_2}{2}$ 代入 $f(x)$，若 $f\left(\dfrac{a_2+b_2}{2}\right)=0$，则可取 $\xi=\dfrac{a_2+b_2}{2}$，从而本定理得证。不然，则 $f\left(\dfrac{a_2+b_2}{2}\right)$ 就一定和 $f(a_2),f(b_2)$ 中之一异号。

若

$$\begin{cases} f\left(\dfrac{a_2+b_2}{2}\right)f(a_2)<0,\text{则令 } a_3=a_2,b_3=\dfrac{a_2+b_2}{2} \\ f\left(\dfrac{a_2+b_2}{2}\right)f(b_2)<0,\text{则令 } a_3=\dfrac{a_2+b_2}{2},b_3=b_2 \end{cases}$$

这样选取 a_3,b_3 就使得 $f(a_3)f(b_3)<0$(依然异号)。如此逐步以中点代入,由 (a_n,b_n) 求得 (a_{n+1},b_{n+1})。当然,只要在其中一步中有 $f\left(\dfrac{a_n+b_n}{2}\right)=0$,则可取 $\xi=\dfrac{a_n+b_n}{2}$,从而定理得证。不然,则 $f\left(\dfrac{a_n+b_n}{2}\right)$ 就一定和 $f(a_n),f(b_n)$ 中之一异号。

若

$$\begin{cases} f\left(\dfrac{a_n+b_n}{2}\right)f(a_n)<0,\text{则令 } a_{n+1}=a_n,b_{n+1}=\dfrac{a_n+b_n}{2} \\ f\left(\dfrac{a_n+b_n}{2}\right)f(b_n)<0,\text{则令 } a_{n+1}=\dfrac{a_n+b_n}{2},b_{n+1}=b_n \end{cases}$$

这样由 (a_n,b_n) 求得的 (a_{n+1},b_{n+1}) 就使得 $f(a_{n+1})$ 和 $f(b_{n+1})$ 依然异号。

这样逐步二等分,就求得了两个左、右夹逼数列 $\{a_n\},\{b_n\}$,即有

$$a=a_1\leqslant a_2\leqslant a_3\leqslant\cdots\leqslant a_n\leqslant a_{n+1}\leqslant\cdots\leqslant$$
$$b_{n+1}\leqslant b_n\leqslant\cdots\leqslant b_3\leqslant b_2\leqslant b_1=b$$

而且 $b_n-a_n=\left(\dfrac{1}{2}\right)^{n-1}(b-a)$,所以当 n 充分大时,b_n-a_n 可以任意小。

再者,按照上述选取的办法,有

$$f(a_n)f(b_n)<0$$

对于所有 n 恒成立。

(2)现在,再由实数的连续性得知,必定存在着上述 $\{a_n\}$ 和 $\{b_n\}$ 这样两个左、右夹逼数列的分界数 ξ,即

$$a_n \leqslant \xi \leqslant b_n$$

对于所有 n 恒成立。设 $\delta > 0$ 是一个任意给定的正实数,我们只要把 n 选取得足够大,就可以使得

$$(b_n - a_n) = \left(\frac{1}{2}\right)^{n-1} (b-a) < \delta$$

（例如取 $n-1 > \dfrac{b-a}{\delta}$ 就足够大了）。对于这样足够大的 n,显然有

$$\xi - \delta < a_n \leqslant \xi \leqslant b_n < \xi + \delta$$

用几何的说法,就是 a_n, b_n 都在 ξ 的 δ 邻域之中。这也就说明了:不论 $\delta > 0$ 是多么小的一个正实数,在 ξ 的 δ 邻域之中总包含着某些 a_n 和 b_n,它们的函数值 $f(a_n)$,$f(b_n)$ 是异号的。

（3）最后,我们要证明 $f(\xi) = 0$。因为假如 $f(\xi) \neq 0$,则下述引理就可以证明 $f(x)$ 在 ξ 的一个足够小的 δ 邻域之内的函数值完全和 $f(\xi)$ 同号。这显然和（2）中所得的结论相矛盾。

引理 1 设 $f(a) \neq 0, M$ 是 $|f'(a)|$,$\dfrac{1}{2!}|f''(a)|, \cdots, \dfrac{1}{n!}|f^{(n)}(a)|$ 中的最大者。取正实数 $0 < \delta < \dfrac{1}{3}$,而且 $\delta < \dfrac{2}{3} \cdot \dfrac{|f(a)|}{M}$,则在 a 的 δ 邻域中（即 $a - \delta < x < a + \delta$）$f(x)$ 和 $f(a)$ 同号。

证明 由 $f(x)$ 在 a 的局部展开式为

$$f(x) = f(a) + f'(a)t + \frac{f''(a)}{2!}t^2 + \cdots + \frac{f^{(n)}(a)}{n!}t^n$$

式中 $t = x - a$。

当 $a - \delta < x < a + \delta$ 时,即有 $|t| < \delta$。则

$$\left| f'(a)t + \frac{f''(a)}{2!}t^2 + \cdots + \frac{f^{(n)}(a)}{n!}t^n \right|$$

$$\leqslant |f'(a)||t| + \left|\frac{f''(a)}{2!}\right||t|^2 + \cdots + \left|\frac{f^{(n)}(a)}{n!}\right||t|^n$$

$$\leqslant M(|t| + |t|^2 + \cdots + |t|^n) = M\frac{1-|t|^n}{1-|t|}|t|$$

$$\leqslant M\frac{1}{1-|t|}|t| \left(因为 |t| < \frac{1}{3}, \frac{1}{1-|t|} < \frac{3}{2}\right)$$

$$\leqslant \frac{3}{2}M|t| < \frac{3}{2}M\delta < \frac{3}{2}M\cdot\frac{2}{3}\frac{|f(a)|}{M} = |f(a)|$$

因为

$$f(x) = f(a) + \left[f'(a)t + \frac{f''(a)}{2!}t^2 + \cdots + \frac{f^{(n)}(a)}{n!}t^n\right]$$

而方括号中的绝对值小于 $|f(a)|$，所以 $f(x)$ 和 $f(a)$ 同号。

引理证毕，定理也证毕。

推论 1　设 $a > 0$，则 $x^n - a = 0$ 有一个唯一的正实根。

证明　令 $f(x) = x^n - a$，则有
$$f(0) = -a < 0$$
$$f(1+a) = (1+a)^n - a$$
$$= \left(1 + na + \frac{n(n-1)}{2}a^2 + \cdots\right) - a$$
$$= 1 + (n-1)a + \cdots > 0$$

所以 $f(x)$ 在 0 和 $1+a$ 之间至少有一个实根。

再者，$f'(x) = nx^{n-1}$，当 $x > 0$ 时，$f'(x) > 0$，所以 $f(x)$ 在 $x > 0$ 的区域中单调递增，因此最多只能和 x 轴相交于一点。

推论 2　奇次多项式至少具有一个实的零点。

证明　先证明一个引理。

引理 2　对于多项式

$$p(x) = a_n x^n + a_{n-1} x^{n-1} + \cdots + a_0 \quad (a_n \neq 0)$$

的每一个零点 x_0，有估计

$$|x_0| \leqslant \max\left\{1, \sum_{\nu=0}^{n-1}\left|\frac{a_\nu}{a_n}\right|\right\}$$

证明　我们有

$$|a_n x^n + \cdots + a_0|$$
$$= |a_n x^n| \cdot |1 + b_1 x^{-1} + b_2 x^{-2} + \cdots + b_n x^{-n}|$$
$$\geqslant |a_n x^n| \cdot |1 - |b_1 x^{-1} + b_2 x^{-2} + \cdots + b_n x^{-n}||$$

其中令 $b_i = \dfrac{a_{n-i}}{a_n}$。当 $|x| > 1$ 及 $|x| > \sum\limits_{i=1}^{n} |b_i|$ 时，有

$$|b_1 x^{-1} + \cdots + b_n x^{-n}|$$
$$\leqslant |x^{-1}| \cdot |b_1 + b_2 x^{-1} + \cdots + b_n x^{-n+1}|$$
$$\leqslant |x|^{-1}\{|b_1| + |b_2||x|^{-1} + \cdots +$$
$$|b_n||x|^{-n+1}\} < |x|^{-1}\sum_{i=1}^{n}|b_i| < 1$$

所以有 $1 - |b_1 x^{-1} + \cdots + b_n x^{-n}| > 0$。对于 x 的这样的值，即它满足 $|x| > \max\left\{1, \sum\limits_{\nu=0}^{n-1}\left|\dfrac{a_\nu}{a_n}\right|\right\}$ 时，就有 $|p(x)| > 0$。因此，这样的 x 不会是零点，所以零点都满足所说的估计公式。

像在上面的问题中那样，使用同样的符号估计公式，当

$$|x| > \max\left\{1, \sum_{\nu=0}^{n-1}\left|\frac{a_\nu}{a_n}\right|\right\} = M$$

时，有

$$\frac{p(x)}{a_n x^n} = 1 + b_1 x^{-1} + \cdots + b_n x^{-n} \geqslant 1 - \sum_{i=1}^{n} b_i x^{-i} > 0$$

所以，当 $x > M$ 时，有 $\operatorname{sgn} P(x) = \operatorname{sgn} a_n$，而当 $x <$

$-M$ 时，$\operatorname{sgn} P(x) = (-1)^n \operatorname{sgn} a_n$。如果 n 是奇数（且 $a_n \neq 0$），那么就存在正的和负的函数值，而由连续函数的介值定理，就推得存在一个零点。

试题 1　设 $f_n(x) = x^n + x^{n-1} + \cdots + x^2 + x$。求证：对任意自然数 $n > 1$，方程 $f_n(x) = 1$ 在 $\left(\dfrac{1}{2}, 1\right)$ 内只有一个根。

证明　因为 $f_n(1) - 1 = n - 1 > 0$，以及

$$f_n\left(\frac{1}{2}\right) - 1 = \frac{1}{2} + \left(\frac{1}{2}\right)^2 + \cdots + \left(\frac{1}{2}\right)^n - 1$$

$$= \frac{\dfrac{1}{2} - \left(\dfrac{1}{2}\right)^{n+1}}{1 - \dfrac{1}{2}} - 1 = -\left(\frac{1}{2}\right)^n$$

$$< 0$$

所以根据连续函数的中值定理，存在 $x_n \in \left(\dfrac{1}{2}, 1\right)$，使得 $f_n(x_n) - 1 = 0$。又因为

$$f_n{}'(x) = 1 + 2x + \cdots + nx^{n-1} \geqslant 1 > 0 \quad (\forall x \geqslant 0)$$

所以 $f_n(x)$ 严格单调递增，从而 $f_n(x) = 1$ 的根 $x_n \in \left(\dfrac{1}{2}, 1\right)$ 是唯一的。

利用斯图姆定理

第 5 章

如果我们不但注意到实数根的总数,亦分别注意到正实根数和负实根数,一般要求出在已给出的区间(a,b)中的根的个数。

对这个问题的最早的令人满意的解答是斯图姆于 1829 年给出的,尽管有点不精巧。在叙述相应的定理及其证明之前先引入一些必要的定义。

定义 1 设 $S=[c_1,c_2,\cdots,c_m]$ 是一个非零实数的有限序列,并设 $V(s)$ 是使 $c_i c_{i+1} < 0$ 的脚标 $i(1 \leqslant i \leqslant m-1)$ 的数目。那么 $V(S)$ 叫作数列 S 中的变号数。如果数列 S 含有零,则把 $V(S)$ 理解为从 S 中删除零后得到的数列 S' 中的变号数。

例如 $V([1,0,2,0,-3,4,0,0,-2])=3$。

容易验证,非零实数的序列 $S=[c_1,c_2,\cdots,c_m]$ 的变号数具有如下性质:

（1）对于任何非零实数 a,则
$$V([c_1,c_2,\cdots,c_m])=V([ac_1,ac_2,\cdots,ac_m])$$

（2）若 $c_ic_{i+1}<0$,则
$$V([c_1,c_2,\cdots,c_i,a,c_{i+1},\cdots,c_m])=V([ac_1,ac_2,\cdots,ac_m])$$

今后,不失一般性总假定我们所讨论的实系数多项式没有重根,这件事总是可以办到的。

定义 2　非零实系数多项式的有限序列
$$f_0(x)=f(x),f_1(x),\cdots,f_s(x) \qquad ①$$
叫作关于多项式 $f(x)$ 在闭区间 $[a,b](a\leqslant x\leqslant b)$ 上的斯图姆组（或斯图姆序列）,如果下述条件成立:

（1）实数 a,b 不是多项式 $f(x)$ 的根:$f_0(a)f_0(b)\neq 0$;

（2）最后一个多项式 $f_s(x)$ 在 $[a,b]$ 上没有根;

（3）如果组 ① 中间的某个多项式 $f_k(x)(1\leqslant k\leqslant s-1)$ 有根 $c\in[a,b]$,则 $f_{k-1}(c)$ 和 $f_{k+1}(c)$ 异号:$f_{k-1}(c)f_{k+1}(c)<0$;

（4）如果 $c\in[a,b]$ 是 $f(x)$ 的根,则乘积 $f_0(x)f_1(x)$ 当 x 递增经过点 c 时从负号变到正号。

我们指出斯图姆组 ① 的相邻多项式在 $[a,b]$ 上没有共同的根,如果 $f_{k-1}(c)=f_k(c)=0,k\geqslant 1$,那么 $f_{k-1}(c)=f_k(c)=0$,与条件（3）矛盾。

关于是否每一个多项式都有斯图姆组的问题将在后面讨论,现假定 $f(x)$ 有斯图姆组,我们证明它可以用来求出实根的个数。

为简单起见,记

$$V_c = V_c(f) = V([f_0(c), f_1(c), \cdots, f_s(c)])$$
$$(c \in [a,b])$$

定理 1(斯图姆) 次数 $n \geqslant 1$ 的实多项式 $f(x)$ 在开区间 (a,b) 上的根的数目等于差 $V_a - V_b$,其中 V_a,V_b 对应于任意固定的斯图姆组 ①。

证明 斯图姆组 ① 的多项式在 $[a,b]$ 中的相异实根的全体把闭区间 $[a,b]$ 分成一些子开区间 (a_j, a_{j+1}),满足 $a = a_0 < a_1 < \cdots < a_m = b$,在这些子开区间中,任何多项式 $f_i (0 \leqslant i \leqslant s)$ 都没有根。我们将比较对应于不同的点 $c \in (a_j, a_{j+1})$ 的值 V_c。

开始取 $c \in (a_0, a_1)$,那么 $f_0, f_1, \cdots, f_s$ 在 (a_0, c) 中都没有根。根据中间值定理,$f_i(a_0)$ 与 $f_i(c)(0 \leqslant i \leqslant s)$ 不可能异号,故 $f_i(a_0) f_i(c) \geqslant 0$。这时分两种情况:

(1) 对于一切 $i, f_i(a_0) \neq 0$,则有 $f_i(a_0) f_i(c) > 0$,由此推出 $V_{a_0} = V_c$;

(2) 如果对于某个 $k, f_k(a_0) = 0$,则根据斯图姆的条件 $(1)(2)$ 必有 $k \neq 0, s$。根据条件 (3),我们有 $f_{k-1}(a_0) f_{k+1}(a_0) < 0$。同时,$f_{k-1}(x)$ 和 $f_{k+1}(x)$ 在 (a_0, c) 中没有根,所以由中间值定理,$f_{k-1}(a_0) f_{k-1}(c) > 0$ 且 $f_{k+1}(a_0) f_{k+1}(c) > 0$。这表明 $f_{k-1}(c) f_{k+1}(c) < 0$。我们得到下述结论:在计算 V_{a_0} 和 V_c 时,子序列 $f_{k-1}(a_0), 0, f_{k+1}(a_0)$ 和 $f_{k-1}(c)$,$f_k(c), f_{k+1}(c)$ 不依赖于 $f_k(c)$ 的值而具有同样的作用(都给出一次变号)。这件事对于一切使 $f_k(a_0) = 0$ 的 k 成立,因此 $V_{a_0} = V_c$。类似的讨论适用于另一个边缘开区间中的点 $c \in (a_{m-1}, a_m)$,则 $V_c = V_{a_m}$。

现在设 $c \in (a_{j-1}, a_j), c' \in (a_j, a_{j+1})(1 < j <$

$m-1$) 是两个相邻的开区间中的点(图 1)。与上述相同的讨论将指出,如果 $f(a_j) \neq 0$,则 $V_c = V_{c'}$,$V_c = V_{a_j} = V_{c'}$。

在 $f_0(a_j) = f(a_j) = 0$ 的情况下,第一次出现差别。事实上,根据条件(4) 我们有 $f_0(c)f_1(c) < 0$ 和 $f_0(c')f_1(c') > 0$,即在子序列 $f_0(c), f_1(c)$ 中有一次变号,而在子序列 $f_0(c'), f_1(c')$ 中无变号。同时,我们前面的讨论表明,对于 $k > 1$,在子序列 $f_{k-1}(c)$, $f_k(c), f_{k+1}(c)$ 和 $f_{k-1}(c'), f_k(c'), f_{k+1}(c')$ 中的变号数是一样的,于是,若 $f(a_j) = 0$,则 $V_c - V_{c'} = 1$。

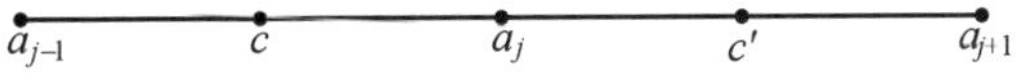

$$a_{j-1} \qquad c \qquad a_j \qquad c' \qquad a_{j+1}$$

图 1

固定点 $c_k \in (a_{k-1}, a_k)$,$1 \leqslant k \leqslant m$,并写出恒等式

$$V_a - V_b = (V_a - V_{c_1}) + \sum_{k=1}^{m-1}(V_{c_k} - V_{c_{k+1}}) + (V_{c_m} - V_b)$$

已知两端括号中的表达式等于零,同时

$$V_{c_k} - V_{c_{k+1}} = \begin{cases} 0, & \text{若 } f(a_k) \neq 0 \\ 1, & \text{若 } f(a_k) = 0 \end{cases}$$

在闭区间 $[a, b]$ 中,多项式 $f(x)$ 没有其他的根(根据假设,斯图姆组的多项式的全部根都落在点 $a_1, a_2, \cdots$, a_m 上)。求和之后得知差 $V_a - V_b$ 等于多项式 $f(x)$ 在开区间 (a, b) 内的根的数目。

为了应用刚才所证明的定理来求出多项式 $f(x)$ 的实数根总数,只要取它的负根的下限来作为 a,正根的上限来作为 b。但亦可施行下面的简法。有适当大的正数 N 存在,使当 $|x| > N$ 时,斯图姆组中所有多

89

项式的符号都同它们的首项符号一样①。换句话说，未知量 x 有很大的正值存在，使斯图姆组中各多项式对应于这个值的符号都和首项系数的符号相同。没有必要去计算这个 x 的值，我们约定用符号 $+\infty$ 来记它。

另一方面，有绝对值很大的负值 x 存在，使斯图姆组中各多项式对应于这个值的符号。偶次多项式和它的首项系数的符号相同；而奇次多项式和它的首项系数的符号相反，约定用 $-\infty$ 来记这个 x 的值。在区间 $(-\infty, +\infty)$ 中，很明显的含有斯图姆组中所有多项式的全部根，特别的含有多项式 $f(x)$ 的所有实根。在这一区间内应用斯图姆定理，我们可以求出 $f(x)$ 所有实根的个数，又在区间 $(-\infty, 0)$ 和 $(0, +\infty)$ 内应用斯图姆定理，各求出多项式 $f(x)$ 的负根个数和正根个数。

我们现在只要证明，没有重根的每一个实系数多项式 $f(x)$ 都有斯图姆组。证明的方法有很多种，可以构造这种组，但最常用的是所谓标准斯图姆组，它可用多项式的欧几里得算法稍加改变得到，取 $f_1(x) =$

---

① 事实上，对于实系数多项式 $f(x) = a_0 x^n + a_1 x^{n-1} + \cdots + a_n$，设 A 为系数 $a_0, a_1, \cdots, a_n$ 中最大的一个，那么 $|a_1 x^{n-1} + a_2 x^{n-2} + \cdots + a_n| \leqslant |a_1||x|^{n-1} + |a_2||x|^{n-2} + \cdots + |a_n| \leqslant A(|x|^{n-1} + |x|^{n-2} + \cdots + 1) = A \frac{|x|^n - 1}{|x| - 1}$。假设 $|x| > 1$，我们得出 $\frac{|x|^n - 1}{|x| - 1} < \frac{|x|^n}{|x| - 1}$，故有 $|a_1 x^{n-1} + a_2 x^{n-2} + \cdots + a_n| < A \frac{|x|^n}{|x| - 1}$。容易验证，当 $|x| > \frac{A}{|a_0|} + 1$ 时，不等式 $|a_0 x^n| > |a_1 x^{n-1} + a_2 x^{n-2} + \cdots + a_n|$ 成立。

这就是说，当 x 取绝对值适当大的实数值时，可以使多项式 $f(x)$ 的符号和它的首项的正负号相同。

$f'(x)$，然后用 $f_1(x)$ 来除 $f(x)$，且把它的余式变号，取作 $f_2(x)$，则

$$f(x) = f_1(x)q_1(x) - f_2(x)$$

一般的，如果多项式 $f_{k-1}(x)$ 和 $f_k(x)$ 已经求得，那么 $f_{k+1}(x)$ 是用 $f_k(x)$ 除 $f_{k-1}(x)$ 所得的余式变号后的多项式

$$f_{k-1}(x) = f_k(x)q_k(x) - f_{k+1}(x)$$

这里所说的方法和用于多项式 $f(x)$ 和 $f'(x)$ 的欧几里得演绎所不同，只是对于每一个余式都要变号，而在后一步的除法中要前一步变号后的余式来除。因为在求出最大公因式时，这种变号是没有关系的，所以我们的方法所得到的最后余式 $f_s(x)$ 仍是多项式 $f(x)$ 和 $f'(x)$ 的最大公因式，而且由于 $f(x)$ 没有重根，也就是 $f(x)$ 和 $f'(x)$ 互素，因而，$f_s(x)$ 是某一个不为零的实数。

定理 2　上述构造的函数组
$$f_0(x) = f(x), f_1(x) = f'(x), f_2(x), \cdots, f_s(x) \quad ②$$
是斯图姆组。

证明　根据假设，条件(1)成立。而条件(2)从 $f_s(x) = \mathrm{const} \neq 0$ 推出。若 $f_k(c) = 0$，则由 $f_{k-1}(x) = f_k(x)q_k(x) - f_{k+1}(x)$ 可见，$f_{k-1}(c)f_{k+1}(c) \leqslant 0$，并且 $f_{k+1}(c) = 0$ 当且仅当 $f_{k-1}(c) = 0$。若是如此，则

$$0 = f_{k-1}(c) = f_k(c) = f_{k+1}(c) = f_{k+2}(c) = \cdots$$

与 $f_s(x) \neq 0$ 矛盾。于是 $f_{k-1}(c)f_{k+1}(c) < 0$，条件(3)得证。最后，假定对于某点 $c \in [a,b]$，$f_0(c) = 0$。那么

$$f_0(x) = (x-c)q(x) \quad (q(c) \neq 0)$$

且

$$f_0(x)f_1(x)$$
$$= (x-c)[q^2(x) + (x-c)q(x)q'(x)]$$
$$= (x-c)g(x)$$

其中 $g(x) = q^2(x) + (x-c)q(x)q'(x)$。我们有 $g(c) = q^2(c) > 0$，从而在点 c 的小邻域 $(c-\delta, c+\delta)$ 中 $g(x)$ 取正值[①]。这时乘积 $f_0(x)f_1(x)$ 与因子 $x-c$ 一样，当 x 递增经过点 c 时，$f_0(x)f_1(x)$ 从负号变为正号。于是，函数组 ② 满足条件(4)。

注 (1) 函数组 ② 逐项乘以正的常数 $\lambda_0, \lambda_1, \lambda_2, \cdots, \lambda_s$ 得到的函数组

$$\lambda_0 f_0(x), \lambda_1 f_1(x), \lambda_2 f_2(x), \cdots, \lambda_s f_s(x)$$

也是斯图姆组。我们把它叫作几乎标准斯图姆组。这种斯图姆组对于计算有用。

(2) $f(x)$ 没有重根的条件对于不同实根的数目是非本质的，如标准斯图姆组的构造所示，可以把 $f_k(x)$ 转换为 $g_k(x) = \dfrac{f_u(x)}{f_s(x)}$，并注意到 $V_c(g) = V_c(f)$。

(3) 据说，斯图姆本人常常这样来表达对于自己（确实卓越的）成就的自豪感，在给学生讲述了证明之

---

① 若 $g(x)$ 无实根，则结论自不待言。若不然，设多项式 $g(x)$ 有 k 个相异的实根：$a_1 < a_2 < \cdots < a_k$，它把区间 $(-\infty, +\infty)$ 分成一些子开区间 $(-\infty, a_1), (a_1, a_2), \cdots, (a_{k-1}, a_k), (a_k, +\infty)$，这时 c 必落入某个子开区间 (a_j, a_{j+1}) 中，取 δ 为 $\dfrac{a_{j+1}-c}{2}$ 与 $\dfrac{c-a_j}{2}$ 中较小的一个，则 $(c-\delta, c+\delta) \subset (a_j, a_{j+1})$。因为在 $(c-\delta, c)$ 内 $g(x)$ 无实根，由中间值定理知，$g(c-\delta) \cdot g(c) > 0$，而 $g(c) > 0$，故 $g(c-\delta) > 0$。类似的，可知 $g(c+\delta) > 0$。对于 $(c-\delta, c+\delta)$ 中的任一 x，同样的理由，$g(c-\delta)g(x) > 0, g(x)g(c+\delta) > 0$，故最后 $g(x) > 0$。

后补充道"这就是以我的名字命名的定理"。

下面我们用斯图姆定理来证明。

证明　$f(x) = 1 + x + \dfrac{1}{2!}x^2 + \cdots + \dfrac{1}{n!}x^n$（截断指数函数）。显然，这个多项式如果有实根，必位于 $(-M, -\delta)$ 之内，其中 $\delta > 0$ 是充分小的实数（M 永远被认为是充分大的正数）。可取三个多项式

$$f_0(x) = f(x)$$

$$f_1(x) = f'(x)$$
$$= 1 + x + \frac{1}{2!}x^2 + \cdots + \frac{1}{(n-1)!}x^{n-1}$$

$$f_2(x) = -\frac{1}{n!}x^n (= -f(x) + f'(x))$$

为闭区间 $[-M, -\delta]$ 上的非标准斯图姆组（验证条件 (1) ~ (4) 成立）。至于"非标准斯图姆组"这个概念是这样的：

因为在前文已经提出"标准斯图姆组"的概念：

在斯图姆组中取 $f(x) = f'(x)$（导数），然后再做（类似）欧几里得除法所得到的余式序列 …… 这种特殊的斯图姆组。

于是，"非标准斯图姆组"就是相对于"标准斯图姆组"的一个概念。从表 1 看到，当 n 为偶数时，$f(x)$ 没有实根，而当 n 为奇数时，有一个负根（易见，此根随着 $n = 2m + 1$ 的增加而趋于 $-\infty$）。

表 1

	$f_0(x)$	$f_1(x)$	$f_2(x)$	V
$-M$	$(-1)^n$	$(-1)^{n-1}$	$(-1)^{n-1}$	1
δ	$+$	$+$	$(-1)^{n-1}$	$\dfrac{1+(-1)^n}{2}$

一个研究性问题

第 6 章

当我们将引言中的试题 1 的来龙去脉讲清楚后，为学有余力的同学提供一个进一步研究的问题是有益的。

研究题目 当

$$a_0, \quad \begin{vmatrix} a_0 & a_1 \\ a_1 & a_2 \end{vmatrix}, \quad \begin{vmatrix} a_0 & a_1 & a_2 \\ a_1 & a_2 & a_3 \\ a_2 & a_3 & a_4 \end{vmatrix}$$

$$\vdots$$

$$\begin{vmatrix} a_0 & a_1 & \cdots & a_n \\ a_1 & a_2 & \cdots & a_{n+1} \\ \vdots & \vdots & & \vdots \\ a_n & a_{n+1} & \cdots & a_{2n} \end{vmatrix}$$

为正时

$$p_{2n}(z) = a_0 + a_1 z + \cdots + a_{2n} z^{2n}$$

94

无实零点，而
$$p_{2n+1}(z) = a_0 + a_1 z + \cdots + a_{2n+1} z^{2n+1}$$
仅有一个实零点。

判断方程根的其他方法

问题 1 把下列两个方程的根按递增的顺序排列

$$x^2 - x - 1 = 0, x^2 + ax - 1 = 0$$

其中 a 为实数。

我们来解下面更为一般的问题。假设有两个方程

$$f(x) \equiv ax^2 + bx + c = 0$$

$$\varphi(x) \equiv a'x^2 + b'x + c' = 0$$

要求以不等式的形式给出表达这些方程的根为实根以及第一个方程的根相对第二个方程根的全部可能位置的必要和充分条件(在这些不等式中只应包含系数 a, b, c, a', b', c' 的有理函数)。

解   第一个方程的根记作 x_1 和 x_2,第二个方程的根记作 ξ_1 和 ξ_2(并不假设它们是实根。当第一个方程的根为实根时,假设 $x_1 \leqslant x_2$,而当第二个方程的根为实根时,假设 $\xi_1 \leqslant \xi_2$)。将第二个方程的根 ξ_1 和 ξ_2 代入第一个方程的左侧,得 $f(\xi_1)$ 和 $f(\xi_2)$。现在来求 $f(\xi_1)f(\xi_2)$ 和 $f(\xi_1) + f(\xi_2)$

$$f(\xi_1)f(\xi_2) = (a\xi_1^2 + b\xi_1 + c)(a\xi_2^2 + b\xi_2 + c)$$
$$= a^2(\xi_1\xi_2)^2 + ab\xi_1\xi_2 + ac(\xi_1^2 + \xi_2^2) +$$
$$b^2\xi_1\xi_2 + bc(\xi_1 + \xi_2) + c^2$$

但是 $\xi_1\xi_2 = \dfrac{c'}{a'}, \xi_1 + \xi_2 = -\dfrac{b'}{a'}$。因而(在一些变换之后)得

$$f(\xi_1)f(\xi_2) = \frac{1}{a'^2}[(ac' - ca')^2 - (ab' - ba')(bc' - cb')]$$

$$= \frac{\Delta}{a'^2}$$

另外,通过类似的变换得

$$f(\xi_1) + f(\xi_2) = \frac{b'(ab' - ba') - 2a'(ac' - ca')}{a'^2} = \frac{P}{a'^2}$$

同理

$$\varphi(x_1)\varphi(x_2) = \frac{\Delta}{a^2}$$

$$\varphi(x_1) + \varphi(x_2) = \frac{2a(ac' - ca') - b(ab' - ba')}{a^2} = \frac{Q}{a^2}$$

由所得到的 $f(\xi_1)f(\xi_2)$ 和 $\varphi(x_1)\varphi(x_2)$ 的表达式可见,原方程有公共根当且仅当 $\Delta = 0$;Δ 是根据原两个方程算出的,它可以表示为

$$\Delta = \frac{1}{4}[(2ac' + 2ca' - bb')^2 - (b^2 - 4ac)(b'^2 - 4a'c')]$$

①

97

当系数 a,b,c,a',b',c' 为复数时，上述所有结果仍然成立。从现在开始我们假设 a,b,c,a',b',c' 都是实数，并且 $a \neq 0, a' \neq 0$。以后我们只研究原方程的根是实根的情形。

情形 I $\Delta \neq 0$（即原来两个方程没有公共根）。
(1)$\Delta < 0$。那么，由式 ① 可见，$(b^2 - 4ac)(b'^2 - 4a'c') > 0$，因而或 $\delta = b^2 - 4ac > 0$ 和 $\delta' = b'^2 - 4a'c' > 0$，或 $\delta < 0$ 和 $\delta' < 0$。从而，如果 $\Delta < 0$，则两个方程或有（两个不同的）实根，或有虚根。设 $\Delta < 0, \delta > 0$（这时 $\delta' > 0$）。因为 $f(\xi_1)f(\xi_2) < 0$，所以 ξ_1 和 ξ_2 中的一个位于 x_1 和 x_2 之间，另一个位于区间 (x_1, x_2) 之外，即要么

$$x_1 < \xi_1 < x_2 < \xi_2 \qquad ②$$

要么

$$\xi_1 < x_1 < \xi_2 < x_2 \qquad ③$$

若式 ② 成立，则 $\xi_1 + \xi_2 > x_1 + x_2$；若式 ③ 成立，则 $\xi_1 + \xi_2 < x_1 + x_2$。换句话说，若式 ② 成立，则 $-\dfrac{b'}{a'} > -\dfrac{b}{a}$，即 $k = aa'(ab' - ba') < 0$；若式 ③ 成立，则 $k > 0$。(2)$\Delta > 0, \delta > 0, \delta' > 0$。那么原方程的根都是实根，并且两两不同。因为 $f(\xi_1)f(\xi_2) > 0$，所以 $f(\xi_1)f(\xi_2)$ 同号，并且和 $f(\xi_1) + f(\xi_2)$ 同号。但是 $f(\xi_1) + f(\xi_2)$ 与 P 同号。于是，若 $aP < 0$，则 $af(\xi_1) < 0, af(\xi_2) < 0$，所以 ξ_1 和 ξ_2 位于 x_1 和 x_2 之间

$$x_1 < \xi_1 < \xi_2 < x_2 \qquad ④$$

而如果 $aP > 0$，则 $af(\xi_1) > 0, af(\xi_2) > 0$，因而可能有下列情形

$$\xi_1 < x_1 < x_2 < \xi_2 \qquad ⑤$$

$$x_1 < x_2 < \xi_1 < \xi_2 \qquad\qquad ⑥$$
$$\xi_1 < \xi_2 < x_1 < x_2 \qquad\qquad ⑦$$

因为 $\Delta > 0$，所以 $\varphi(x_1)\varphi(x_2) > 0$ 也成立。若式 ⑤ 成立，x_1 和 x_2 位于 ξ_1 和 ξ_2 之间，因此 $a'\varphi(x_1) < 0$，$a'\varphi(x_2) < 0$，所以 $a'\varphi(x_1) + a'\varphi(x_2) = a'Q < 0$。当式 ⑥ 和式 ⑦ 成立时，$a'Q > 0$，这时，若式 ⑥ 成立，则 $x_1 + x_2 < \xi_1 + \xi_2$，即 $k < 0$，而若式 ⑦ 成立，则 $k > 0$。总之

$$\Delta < 0, \delta > 0(\delta' > 0) \begin{cases} k < 0, & x_1 < \xi_1 < x_2 < \xi_2 \\ k > 0, & \xi_1 < x_1 < \xi_2 < x_2 \end{cases}$$

$$\Delta > 0, \delta > 0$$

$$\delta' > 0 \begin{cases} aP < 0 & x_1 < \xi_1 < \xi_2 < x_2 \\ aP > 0 \begin{cases} a'Q < 0, & \xi_1 < x_1 < x_2 < \xi_2 \\ a'Q > 0 \begin{cases} k < 0, & x_1 < x_2 < \xi_1 < \xi_2 \\ k > 0, & \xi_1 < \xi_2 < x_1 < x_2 \end{cases} \end{cases} \end{cases}$$

(3)$\Delta > 0$，并且或是 $\delta = 0$，或是 $\delta' = 0$，或是 $\delta = \delta' = 0$。例如，设 $\delta = 0$，那么 $x_1 = x_2 = -\dfrac{b}{2a}$，而问题归结为求数 $-\dfrac{b}{2a}$ 相对于方程 $\varphi(x) = 0(\delta' > 0)$ 的两个不同实根的位置。同理可以讨论 $\delta' = 0, \delta > 0$ 的情形。最后，如果 $\delta = \delta' = 0$，则 $x_1 = x_2 = -\dfrac{b}{2a}, \xi_1 = \xi_2 = -\dfrac{b'}{2a'}$，而问题归结为解不等式 $-\dfrac{b}{a} < -\dfrac{b'}{a'}$ 或 $-\dfrac{b}{a} > -\dfrac{b'}{a'}$。

情形 Ⅱ　$\Delta = 0$，即原方程有公共根。设 x_0 是它们的公共根，即

$$\begin{aligned} ax_0^2 + bx_0 + c &\equiv 0 & \bigg| -a' \\ a'x_0^2 + b'x_0 + c' &\equiv 0 & \bigg| a \end{aligned}$$

第一个恒等式乘以 $-a'$，第二个恒等式乘以 a，然后将两式相加，得 $(ab'-ba')x_0 \equiv ca'-ac'$。如果 $ab'-ba' \neq 0$，则 $x_0 = \dfrac{ca'-ac'}{ab'-ba'}$。由此可见，如果 $\Delta = 0$，但是 $ab'-a'b \neq 0$，则原方程只有一个公共根 $x_0 = \xi_0 = \dfrac{ca'-ac'}{ab'-a'b}$。方程 $f(x) = 0$ 的另一个根 $x'_0 = -\dfrac{b}{a} - \dfrac{ca'-ac'}{ab'-a'b}$，而方程 $\varphi(x) = 0$ 的另一个根 $\xi'_0 = -\dfrac{b'}{a'} - \dfrac{ca'-ac'}{ab'-a'b}$。因而，$x_0, x_0', \xi_0, \xi_0'$ 表示为 a, b, c, a', b', c' 的有理式；这说明，如果 a, b, c, a', b', c' 是实数，则两个方程的根都是实根。由 $x_0 = \xi_0$ 可知，x_0, x_0', ξ_0, ξ_0' 的相对位置有下列 8 种可能的情形（$\xi_0' = x_0', \xi_0 = x_0$ 的情形除外）

$$x_0' < \xi_0' < x_0 = \xi_0, x_0 = \xi_0 < x_0' < \xi_0'$$
$$\xi_0' < x_0' < x_0 = \xi_0, x_0 = \xi_0 < \xi_0' < x_0'$$
$$x_0' < \xi_0' = x_0 = \xi_0, x_0 = \xi_0 = x_0' < \xi_0'$$
$$\xi_0' < x_0' = x_0 = \xi_0, x_0 = \xi_0 = \xi_0' < x_0'$$

问题得解，因为 x_0, x_0', ξ_0, ξ_0' 表示为 a, b, c, a', b', c' 的有理式。

注　如果 $\Delta = 0, ab'-a'b = 0$，则 $ac'-a'c = 0$；这说明 $a:b:c = a':b':c'$，因而 $x_1 = \xi_1, x_2 = \xi_2$（根也可以是虚根）。

记 x_1 和 x_2 为方程 $x^2 - x - 1 = 0$ 的根

$$x_1 = \frac{1-\sqrt{5}}{2}, x_2 = \frac{1+\sqrt{5}}{2}$$

而记 ξ_1 和 ξ_2 为方程 $x^2 + ax - 1 = 0$ 的根

$$\xi_1 = \frac{-a-\sqrt{a^2+4}}{2}, \xi_2 = \frac{-a+\sqrt{a^2+4}}{2}$$

有 $(a=1, b=-1, c=-1, a'=1, b'=a, c'=-1)$：
$ac'-ca'=0, ab'-ba'=a+1, bc'-cb'=a+1$，从而
$\Delta=-(a+1)^2 \leqslant 0, k=a+1$。于是，若 $a<-1$，则
$(\Delta<0, k<0)x_1<\xi_1<x_2<\xi_2$；若 $a>-1$，则
$(\Delta<0, k>0)\xi_1<x_1<\xi_2<x_2$；而若 $a=-1$，则
$\xi_1=x_1<\xi_2=x_2$。

问题 2　1. 考虑一组二次三项式

$$F(x)=x^2-sx+p \qquad ⑧$$

其中 s, p 是实数。在平面 H 上作两个互相垂直的坐标轴 Os 和 Op。每一个二次三项式 $F(x)$ 对应平面 H 上一个坐标为 s 和 p 的点（反之亦然）。

(1) 求使方程 $F(x)=0$ 有重根的点 M 的轨迹；求使方程 $F(x)=0$ 的一个根等于 1 的点 M 的轨迹；求方程 $F(x)=0$ 的一个根等于 -1 的点 M 的轨迹；并说明方程 $F(x)=0$ 介于 -1 和 $+1$ 之间的根的个数与点 M 在平面 (H) 上的位置的关系。

(2) 求使方程 $F(x)=0$ 的一个根等于已知数 a 的点 M 的轨迹，并在这个轨迹上指出对应于二次三项式 $(x-a)^2$ 的点 A 和对应于二次三项式 $x(x-a)$ 的点 T。若 a 在 $-\infty$ 和 $+\infty$ 之间变化，求直线 AT 的包络线。

(3) 设 A, B, C 对应于二次三项式 $(x-a)^2, (x-b)^2, (x-a)(x-b)$，其中 a, b 是两个已知实数。根据点 C 的位置找出 A 和 B 的位置。

求对应于二次三项式 $(x-c)(x-d)$ 的点 M 的轨迹，且使其满足如下条件：如果在坐标轴上标出坐标为 a, b, c, d 的点，则后两个点分前两个点之间的线段为调和比（a 和 b 为常量，c 和 d 为变量）。

2. 在平面 H 上有坐标为 $s=11, p=22$ 和 $s=7$，$p=10$ 的两个点，其中每个点对应一个二次三项式 $F(x)=x^2-sx+p$。考虑有理分式 y，其分子为第一个二次三项式，分母为第二个二次三项式，求使 y 为整数的整数 x 的值。

3. 现在考虑函数

$$f(x)=\cos^2 x - s\cos x + p$$

其中 x 在区间 $[0, \pi]$ 上取值。和前面一样，每个这样的函数对应平面 H 上的一点 $M(s, p)$。

（1）依点 M 在平面 H 上的不同位置讨论函数 $f(x)$ 的增减性。

（2）在同一张图上作出下列各曲线：

①$s=-4, p=6$；

②$s=-2, p=6$；

③$s=1, p=6$；

④$s=2, p=6$；

⑤$s=4, p=6$。

（3）设点 M_0 和点 M 为平面 H 上的点，分别对应于函数

$$f_0(x)=\cos^2 x - s_0\cos x + p_0$$

和

$$f(x)=\cos^2 x - s\cos x + p$$

求 $|f(x)-f(x_0)|$ 的最大值 $D(M_0, M)$；对 $s-s_0$ 和 $p-p_0$ 的不同符号讨论 $D(M_0, M)$。

（4）设 M_0 为定点，M 为动点，求使 $D(M_0, M)$ 等于常数的点的轨迹。设点 A 是坐标为 $s=p=2$ 的点，点 B 是坐标为 $s=p=-2$ 的点，求满足 $D(M, A)=D(M, B)$ 的点 M 的轨迹。

解　1.(1) 使方程 $F(x)=0$ 有重根的点 M 的轨迹。当判别式 $\Delta=s^2-4p=0$ 时，方程 $F(x)=x^2-sx+p=0$ 有重根。因而点 $M(s,p)$ 描绘一条抛物线 $P:p=\dfrac{1}{4}s^2,Op$ 是它的对称轴，而 Os 是抛物线 P 在顶点 O 的切线(图 1)。若点 M 位于抛物线 P 之内，则 $\Delta<0$，而 $F(x)=0$ 无实根；若点 M 位于抛物线 P 之外，则 $\Delta>0$，而 $F(x)$ 有两个不同的实根。

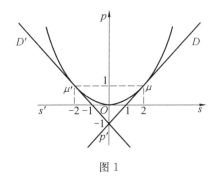

图 1

使方程 $F(x)=0$ 的一个根为 $+1$ 的点 M 的轨迹。若 $F(1)=1-s+p=0$，则 $+1$ 是方程 $F(x)=0$ 的根。这个方程确定一条直线 D，它和 Os 轴交点的横坐标 $s=1$，它和 Op 轴交点的纵坐标 $p=-1$。因为方程 $1-s+\dfrac{1}{4}s^2=0$ 有重根 $s=2$，则直线 D 和抛物线 P 在点 $M(2,1)$ 相切。直线 D 分平面 (H) 为两部分：其中一部分包含坐标原点 O，在这一部分 $F(1)=1-s+p>0$，而在另外一部分 $F(1)<0$。若点 M 位于包含原点 O 的那一部分，则方程 ⑧ 要么没有实根；要么有这样两个实根：以这两个根为端点的区间不包括 $+1$。若点 M 位于平面 H 的另一部分，则方程 ⑧ 有

103

这样两个实根：+1 位于两根之间。

使方程 $F(x)=0$ 的一个根等于 -1 的点 M 的轨迹。当 $F(-1)=1+s+p=0$ 时，-1 是方程 ⑧ 的根。从而点 M 的轨迹是一条直线 D'，它和 Os 轴交点的横坐标 $s=-1$，而和 Op 轴交点的纵坐标 $p=-1$。因为 $1+s+\dfrac{1}{4}s^2=0$ 有重根 $s=-2$，则直线 D' 与抛物线 P 在点 $M'(-2,1)$ 相切（图 1）。直线 D' 分平面 H 为两部分：其中一部分包含坐标原点 O，这里 $F(-1)=1+s+p>0$，而在另一部分 $F(-1)<0$。若点 M 位于包含原点 O 的那一部分，则方程 ⑧ 要么没有实根，要么有两个实根，并且 -1 在以它们为端点的区间之外。若点 M 位于平面 H 的另一部分，则方程 ⑧ 有两个实根，并且 -1 位于它们之间。

讨论在 -1 和 $+1$ 之间方程 ⑧ 的根的个数。根据点 M 在平面 H 上的不同位置，由上面的讨论可以求出 $+1$ 和 -1 关于方程 $F(x)=0$ 的根的相对位置。图 2 归纳了以上的研究结果[①]。可以看出：如果点 M 位于由抛物线的一段弧 $\overset{\frown}{\mu\mu'}$、直线 D 以及 D' 所围成的区域之内，则方程 ⑧ 的两个根位于 -1 和 $+1$ 之间。如果点 M 位于直线 D 和 D' 构成的左右两个对顶角之一时（图 2），则方程在 -1 和 $+1$ 之间只有一个根。在平面的其他部分，方程在 -1 和 $+1$ 之间没有根。

（2）使 a 为方程 ⑧ 的根的点 M 的轨迹。 若

---

① 还应指出：对于区域 I，$s=x'+x''<-2$，对区域 II，$-2<x'+x''<2$，而对区域 III，$x'+x''>2$。由此以及上面的讨论得图 2 所标出的不等式。

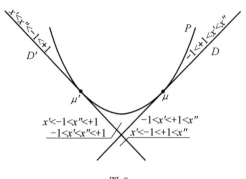

图 2

$F(a) = a^2 - sa + p = 0, a$ 是方程 $F(x) = 0$ 的根。 $F(a) = 0$ 是一条直线 Δ，它和 Os 轴交点的横坐标为 a，和 Op 轴交点的纵坐标为 $-a^2$。因为方程 $a^2 - as + \dfrac{s^2}{4} = 0$ 有重根 $s = 2a$，则直线 Δ 和抛物线 P 在点 $A(2a, a^2)$ 相切；这个点 A 和三项式 $(x-a)^2$ 相对应。直线 Δ 和 Os 轴的交点 $T(a, 0)$ 与二项式 $x(x-a)$ 相对应。 AT 的包络为抛物线 P。

（3）（根据点 C）求 A 和 B。设 C 是对应于三项式 $(x-a)(x-b)$ 的点。因为 $x = a$ 是三项式的根，所以点 C 位于抛物线 P 在点 A 的切线上。同理点 C 又位于抛物线 P 在点 B 的切线上。因而点 A 和点 B 是由点 C 向抛物线 P 所引的两条切线和抛物线的切点。

当 (a, b, c, d) 四个数组成调和比时，对应于三项式 $(x-c)(x-d)$ 的点 M 的轨迹。设坐标轴上横坐标为 a, b, c, d 的四个点成调和比。那么（当且仅当）$(a+b)(c+d) = 2(ab+cd)$。若令 $c+d = s, cd = p$，则得：$(a+b)s = 2(p+ab)$。点 $M(s, p)$ 是平面 H 上直线 $(a+b)s = 2(p+ab)$ 上的点。注意到：当 $c = d = a$

（和当 $c=d=b$）时，这个方程成立，于是这条直线就是直线 AB。反之，如果在直线 AB 上取位于抛物线 P 之外一点，则 $s^2-4p>0$，于是存在这样两个实数 c 和 d，使 $c+d=s,cd=p$，且这两个数 c 和 d 满足调和共轭条件。因而，点 M 的轨迹是直线 AB 位于抛物线 P 外面的那一部分。

2.在平面 H 上取这样两个点，使其坐标分别为：$s=11,p=22$ 和 $s=7,p=10$。相应的三项式为：$x^2-11x+22,x^2-7x+10$；由此 $y=\dfrac{x^2-11x+22}{x^2-7x+10}$ 或 $y=1-\dfrac{4x-12}{x^2-7x+10}=1-\dfrac{N}{D}$，其中 $N=4x-12$，$D=x^2-7x+10$。若 N 被 D 整除，则 $\dfrac{N}{D}$ 为整数。从这两个等式中消去 x，得：$16D=N(N-4)-32$。若 N 被 D 整除，则 32 也被 D 整除，而 D 具有 $\pm 2^k$ 的形式，其中 $0\leqslant k\leqslant 5$。最后需判明：在方程 $x^2-7x+10\pm 2^k=0$ 之中，哪些方程有整数根。方程的判别式为 $49-4(10\pm 2^k)=9\mp 2^{k+2}$，故当且仅当 $9\mp 2^{k+2}(0\leqslant k\leqslant 5)$ 为完全平方时才有整数根。对于 $9+2^{k+2}(0\leqslant k\leqslant 5)$ 只有一个这样的值 $k=2$，而对 $9-2^{k+2}$ 只有 1。相应的方程为 $x^2-7x+6=0,x^2-7x+12=0$；第一个方程的根为 $x=1,x=6$，第二个方程的根为 $x=3,x=4$，于是，使分式 y 为整数值的 x 的整数值是 1,3,4,6。

3.在闭区间 $[0,\pi]$ 上考虑函数 $f(x)=\cos^2 x-s\cos x+p$，有：$f(0)=1-s+p,f(\pi)=1+s+p$。

（1）答案：若 $|s|\geqslant 2$，则 $f(x)$ 为单调函数，当 $s\leqslant -2$，函数递减，当 $s\geqslant 2$ 时，函数 $f(x)$ 递增；若

$|s|<2$，则在 $\left[0,\arccos\dfrac{s}{2}\right]$ 上函数 $f(x)$ 递减，而在 $\left[\arccos\dfrac{s}{2},\pi\right]$ 上函数 $f(x)$ 递增。用直线 $\delta(s=-2)$ 和 $\delta'(s=2)$ 将平面 H 分为三部分。若点 M 在 δ 的左侧或在 δ 上，函数 $f(x)$ 递减；若点 M 在 δ 和 δ' 之间，则 $f(x)$ 先是递减，而后递增；最后，若点 M 在直线 δ' 上或在 δ' 的右侧，则函数 $f(x)$ 递增（图 3）。

（2）五种特殊情形。$1°$ 若 $s=-4,p=6$，函数递减：当 x 由 0 增到 π，$f(x)$ 由 11 减到 3，并且 $f\left(\dfrac{\pi}{2}\right)=6$.

$2°$ 若 $s=-2,p=6$，函数 $f(x)$ 递减：当 x 由 0 变到 π，$f(x)$ 从 9 减到 5，并且 $f\left(\dfrac{\pi}{2}\right)=6$. $3°$ 若 $s=1,p=6$，函数 $f(x)$ 在 $\left[0,\dfrac{\pi}{3}\right]$ 上从 6 减到 $\dfrac{23}{4}$，而在 $\left[\dfrac{\pi}{3},\pi\right]$ 上从 $\dfrac{23}{4}$ 增到 8，并且 $f\left(\dfrac{\pi}{2}\right)=6$. $4°$ 若 $s=2,p=6$，函数 $f(x)$ 递增：当 x 从 0 变化到 π 时，$f(x)$ 从 5 增到 9，并且 $f\left(\dfrac{\pi}{2}\right)=6$. $5°$ 若 $s=4,p=6$，函数 $f(x)$ 递增：当 x 从 0 变化到 π 时，$f(x)$ 从 3 增到 11，且 $f\left(\dfrac{\pi}{2}\right)=6$。

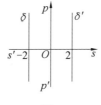

图 3

注意到，点 O 和点 π 是函数 $f(x)$ 的极大点或极小点。又看到,当两个 s 的绝对值相等但符号相反时,则与其相对应的曲线关于直线 $x=\dfrac{\pi}{2}$ 对称。根据上述各点说明可以作出函数的图像 r_1,r_2,r_3,r_4,r_5(图 4)。

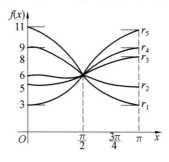

图 4

(3)求 $D(M_0,M)$。设 M 和 M_0 是平面 H 上的两个点,分别对应于函数 $f_0(x)=\cos^2 x-s_0\cos x+p_0$ 和 $f(x)=\cos^2 x-s\cos x+p$;$f(x)-f_0(x)=(s_0-s)\cdot\cos x+p-p_0$。因而

$$D(M_0,M)=\max\,|\,(s_0-s)\cos x+p-p_0\,|$$

形如 $\varphi(x)=\alpha\cos x+\beta$ 的函数在 $\beta-\alpha$ 和 $\beta+\alpha$ 之间变化。从而若 α 和 β 同号,$|\varphi(x)|$ 的最大值为 $|\alpha+\beta|$;而若 α 和 β 异号,$|\varphi(x)|$ 的最大值为 $|\alpha-\beta|$。一般其最大值为 $|\alpha|+|\beta|$。因而有:$D(M_0,M)=|s-s_0|+|p-p_0|$。故 $D(M_0,M)$ 具有下列和两点之间距离类似的性质:①$D(M_0,M)\geqslant 0$,而等号成立当且仅当 M_0 和 M 两点重合;②$D(M_0,M)=D(M,M_0)$(对称性);③$D(M_1,M_2)\leqslant D(M_1,M_3)+D(M_3,M_2)$,此即三角形不等式,可由不等式 $|s_1-s_2|\leqslant|s_1-s_3|+|s_2-s_3|$ 和不等式 $|p_1-p_2|\leqslant|p_1-p_3|+|p_2-p_3|$ 逐项相加而得。

（4）求当 $D(M_0,M)$ 为常数时，点 M 的轨迹，其中 M_0 为固定点。注意到，若 s_0-s 和 p_0-p 分别（同时或不同时）换成 $s-s_0$ 和 $p-p_0$，则 $D(M_0,M)$ 不变。于是过点 M_0 分别与 Op 轴和 Os 轴平行的两条直线都是所要求的点 M 的轨迹的对称轴。故只需对 $s\geqslant s_0$，$p\geqslant p_0$ 研究点的轨迹。$D(M_0,M)=c(c$ 为常数）的充分必要条件是：$s-s_0+p-p_0=c$ 或 $s+p=c+s_0+p_0$。因而，轨迹的这一部分是直线 $s+p=c+s_0+p_0$ 上的线段 $\alpha\beta$，即过点 M_0 分别平行于 Op 轴和 Os 轴的两条直线在直线 $s+p=c+s_0+p_0$ 上所截的线段。由上述对称性，点 M 的轨迹是正方形 $\alpha\beta\gamma\delta$，正方形的中心为 M_0，而对角线为平行于 Op 轴和 Os 轴的直线（图5）。

使 $D(M,A)=D(M,B)$ 的点 M 的轨迹。设点 A 的坐标 $s=p=2$，而点 B 的坐标为 $s=p=-2$，有：$D(M,A)=|s-2|+|p-2|$，$D(M,B)=|s+2|+|p+2|$。由此

$$|s-2|+|p-2|=|s+2|+|p+2| \qquad ⑨$$

这个轨迹有两条对称轴：AB 以及 AB 的垂直平分线；这两条直线将平面分成四个象限，我们可以局限于其中一个象限（例如 Op 的正半轴所在的象限），求该点的轨迹。作方程为 $s=-2$ 和 $s=2$ 的两条直线 δ 和 δ'，以及方程为 $p=2$ 和 $p=-2$ 的两条直线 δ_1 和 δ_1'。这些直线把所考虑的象限分为四部分，下面将要对这几部分进行考察。考虑由直线 δ' 和 BA（向 A 以外）的延长线所局限的部分。在这一部分（包括边界）有 $p\geqslant 2$，$s\geqslant 2$。于是由式 ⑨ 有 $s-2+p-2=s+2+p+2$——条件不成立。看直线 δ 和 δ' 之间位于直线 δ_1 的线段 AC 之上的那部分区域。在这一

部分(包括边界)有 $-2\leqslant s<2,p\geqslant 2$,故由式 ⑨ 有
$2-s+p-2=s+2+p+2$,由此 $s=-2$;点 M 位于
包括点 C 在内的直线 δ 的射线上,射线的正向与 Op 轴
正向一致。再看 (δ) 和 OC 向 C 以外的延长线之间的
部分。在这一部分(包括边界)有:$p\geqslant -s\geqslant 2$。现在
条件 ⑨ 表示为 $2-s+p-2=-2-s+p+2$,即该区
域内的任意一点都满足条件 ⑨。最后,看 $\triangle OCA$ 内
的部分。在这一部分(包括边界)有 $-2\leqslant s\leqslant p<2$
和 $-2\leqslant -s\leqslant p\leqslant 2$。这时条件 ⑨ 表示为:$2-s+$
$2-p=s+2+p+2$ 或 $s+p=0$。因此,点 M 描绘线
段 AB 的垂直平分线上的线段 OC。由上述轨迹关于
AB 以及 AB 的垂直平分线的对称性可以得出结论:使
$D(M,A)=D(M,B)$ 的点的轨迹由线段 CD 和图 6 中
阴影部分(包括边界在内)构成。

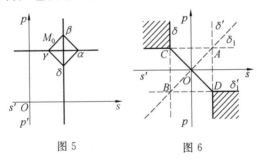

图 5   图 6

"杀手"问题[①]

附录

1 引 言

1970～1980 年期间,苏联大多数有名望的大学在入学考试中对犹太学生的歧视现在已是一个由档案文件所证实的事实了(见 A. Shen[②] 和 A. Vershik[③] 的文章)。Shen 公布了 25 道给犹太学生出的题目。之后,Ilan Vardi 对所有这些问题给出了解答并将解答在网上公布了[④]。这些解答和其他有关的文章后来被收入一本

---

① 作者 Tanya Khovanova,Alexey Radul。冯贝叶译。

② A. Shen,Entrance Examinations to the Mckh-mat,Math. Intelligencer,1994(4):6-10。

③ A. Vershik, Admission to Mathematics Faculty in Russia in the 1970s and 1980s, Math。 Intelligencer,1994(4):4-15。Available at http://dx. doi. org/10. 1007/BF03024695。

④ Ilan Vardi,available at http://www. lix. polytechnique. fr/Labo/Ilan. Vardi/。

名为《冒险和不幸的年轻数学家，爱因斯坦同志：你将在你的数学考试中倒霉地栽跟头，或者对你数学技能的考试几乎就像是趣味数学或脑筋急转弯》的书中①。

在苏联时期，高中学生必须通过一系列考试才能进入他们所选的学校，其中莫斯科州立大学数学力学系以其奉行的反犹主义方针而臭名昭著。其对犹太学生和其他"不想要学生"的最残酷的对待就体现在口试中。在这种考试中，"不想要的学生"被叫到一间特别的和其他教室分开的单独的房间中进行考试并给他们出一些比其他学生的考试题难得多的题目。教师私下里把这些题目称作"犹太"问题或"棺材"问题。"棺材"问题是按照俄语的字面意义翻译的，但是在英语中用"杀手"问题也许能更好地表达原来的含义。

在这种考试中出的题目都是一些已经变了味的题目。有一些题目故意说的含义模糊，答案模棱两可，有些要进行极其烦琐的计算而有些甚至根本就不可解。但是这些考试题中也有很多特殊的题目的答案是十分简短和"简单"的，然而当然是非常难以想到的（不然就不能称之为"杀手"问题了）。这类问题在这种考试中是非常重要的，由于这种题目可以使得系里摆脱应试学生及其家属的投诉和抱怨。的确，在犹太人抗议对他们出高难问题的国际丑闻事件中所公布的问题中，有一些题只需写 5 行即可得出解答。我们觉得与其列出一张所

① You Failed Your Math Test，Comrade Einstein：Adventures and Misadventures of Yong Mathematicians，Or Test Your Skills in Almost Recreational Mathematics。 Edited by M. Shifman World Scientific，Danvers，MA 2005。

有问题的烦琐的完整清单,还不如选出一些具有数学价值的"杀手"问题以赎其原来的恶名。

现在,经过了三十多年之后,这些问题已经显得容易了。这很可能是由于如何解这些问题的思想已经流传开来并且现在已经成了标准的解题思想的一部分。三十多年前,这些问题是难以解答的,此外,考试的规则是学生一道接一道地去解给他们出的题目,直到遇到一道做不出来的题目为止,这时,就给他们打上不及格的标记。

收集的这些问题有它自己的历史,我们将在后面说明这些问题的来历。本文中只有一个问题与 Shen 所公布由 Vardi 解答的问题相同,对这个问题我们给出了更简单和更意想不到的解答。其他问题都可从 T. Khovanova 的微博①中找到,某些解答可在我们的文章②中找到。

为了给读者尝试自己去解答这些题目的机会,我们把题目和解答分开了。每个解答前都有解题的主要思想。

2 本文第一作者的经历

1975 年夏季,我是准备参加国际数学奥林匹克竞

---

① T. Khovanova,Coffins,available at http://www. tanyakhovanova. com/coffins. html,2000。

② T. Khovanova,A. Radul,Jewish Problems, available at http://arxiv. org/pdf'1110. 1556,2011。

赛的苏联夏季训练营的一名苏联代表队队员。我是队里的低年级学生,但是我的大多数队友都是那一年准备考大学的高年级毕业班学生。我在那里第一次听到对犹太人歧视的事情。

那年夏天,我和我的队友由 Velara Senderov 辅导,他是莫斯科最特殊的数学学校的数学老师。Velara 和他的朋友会见了很多想进入莫斯科州立大学的犹太学生并且收集了一套在他们的入学考试中断送了他们的入学机会的"杀手"问题 ——"棺材"题目。当时没人知道如何解答这些问题,因此 Velara 到我们队里来寻求帮助,也正如此,这些题目及题目背后所隐藏的解题想法才得以流传。我们队的队员都是当时苏联最好的学生,但在我们得到这些题目的那个月中,我们也才做出了其中的半数问题。确实,因为我们还有其他对我们来说更重要的事要做,但是这足以说明这些题目有多么难。Velara Senderov 后来由于从事持不同政见者的活动而被逮捕和关押。

当时我很年轻,处于思想易受外界影响的阶段,因此在当时所处的环境中受到影响。我无法相信怎么会一直存在这样公然无耻的歧视。此外,为了在空闲时看看是否能把这些题目做出来,因此我把这些题目作为我最珍贵的私人物品之一一直保存着,直到现在,我还保存着当年在训练营中的笔记,这些笔记在我从一个大陆到另一个大陆的五次迁移中一直幸存了下来。下面就是选自我的笔记中的一些题目。

3 问 题

问题 1 求出所有具有以下性质的函数 $F(x)$：$\mathbf{R} \to \mathbf{R}$，对任意 x_1 和 x_2 成立以下不等式

$$F(x_1) - F(x_2) \leqslant (x_1 - x_2)^2 \qquad ①$$

问题 2 对实数 y 解下面的方程

$$2\sqrt[3]{2y-1} = y^3 + 1 \qquad ②$$

问题 3 在平面上给出一个点 M 和 $\angle C$，利用直尺和圆规过点 M 作一条直线使得它把 $\angle C$ 割成满足下面条件的三角形：

（1）具有给定的周长 p；

（2）具有最小的周长。

问题 4 在平面上给出一个圆和它的一条直径以及不在此圆和所给直径上的任一个点，仅用直尺求作从这个点到直径所在的直线的垂线。

问题 5 在平面上给出两条相交的直线。动点 A 到每条直线的距离之和等于一个给定的数，求动点 A 的轨迹。

问题 6 一个空间四边形的每条边都和一个球面相切，证明所有的切点都位于一个平面上。

问题 7 证明 $\sin 10°$ 是无理数。

问题 8 是否可把一个等边三角形放到一个正方形网格中，使得它的每个顶点都在网格的交点上？

问题 9 （按顺序）给定四边形四条边的长度，求一个以此四个长度为边的面积最大的四边形。

问题 10 给出两条平行直线，仅用直尺将其中一条六等分。

问题 11 $\log_2 3$ 和 $\log_3 5$ 哪个更大?

问题 12 125^{100} 有几位数字?

问题 13 给定一个正方形每条边上的一个点,用直尺和圆规作出此正方形。

问题 14 一个单调递增函数的图像和两条水平直线相交于两点。在此函数的图像上求一点,使得过此点的竖直直线和两条水平直线之间构成的两部分图形的面积之和最小。(见图 1 中阴影部分)

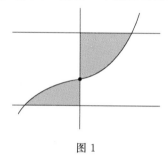

图 1

4 解 答

问题 1 解答 解题思想:利用导数。

不等式 ① 蕴含

$$\frac{F(x_1) - F(x_2)}{|x_1 - x_2|} \leqslant |x_1 - x_2|$$

因此 F 的导数在任意点 x_2 处存在并等于 0。因此由微积分基本定理可知,具有此性质的唯一函数是常函数。

注 在这一情况下可不用微积分而直接得出同

116

样的结果。如果我们把 x_1 和 x_2 之间的区间分成 n 等分,并对每一小段应用所给的不等式就可得出对任意 n 成立

$$F(x_1) - F(x_2) \leqslant \frac{\mid x_1 - x_2 \mid^2}{n}$$

这就蕴含 F 是常函数。

问题 2 解答　解题思想:定义。

设

$$f(y) = \frac{y^3 + 1}{2}$$

那么式 ② 就成为

$$y = \frac{(f(y))^3 + 1}{2} = f(f(y))$$

由于 f 是单调递增的,因此我们可以推出 $f(y) = y$,那样所给的方程就成了一个标准的三次方程

$$y^3 - 2y + 1 = 0$$

这样就可以用小整数根的试验法和因式分解来解出此方程。

问题 3 解答　解题思想:在 $\angle C$ 内嵌入一个圆。

(1) 点 M 必须位于角外。在角上作点 A 和点 B 使得

$$\frac{p}{2} = CA = CB$$

然后通过这两点在角内作一个内切圆,再从点 M 到这个圆作一条切线,那么所得的三角形就具有所给的周长。作法见图 2。

(2) 如果点 M 在角外,那么根据(1)的结果可知,最小周长为 0。如果它在角内,那么对着角的顶点 C 通过点 M 作一个圆和 $\angle C$ 的两边相切。像(1)中那样

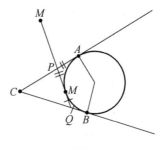

图 2

过点 M 作此圆的切线,那么从图 3 不难看出所得的三角形周长最小。

译者注 当点 M 在角内时,由图 2 可以看出以下引理成立:

引理 1 设点 M 是一个角的内切圆的劣弧上的任意一点,那么圆的过点 M 的切线截角的两边所得的三角形的周长是定长。

证明 如图 2,设点 M 是 $\angle C$ 的内切圆的劣弧上的任意一点,PQ 是过点 M 的切线。那么 PQ 截 $\angle C$ 的两边所得的 $\triangle CPQ$ 的周长 L 就是

$$
\begin{aligned}
L &= CP + PQ + QC \\
&= CP + PM + QM + QC \\
&= CP + PA + QB + QC \\
&= CA + CB
\end{aligned}
$$

是一个定长。

如图 3,现在设在 $\angle C$ 内经过点 M 作了一个内切圆,使得点 M 在这个圆的劣弧上,那么过点 M 作圆的切线 P_1Q_1,再过点 M 作任意一条直线 RS。由于过圆上一点的切线是唯一的,因此 RS 必定是圆的割线(即有一部分位于圆的内部的直线),最后再作一条平行于

RS 并与圆相切的切线 P_2Q_2。那么由引理可知

$$\triangle CP_1Q_1 \text{ 的周长} = \triangle CP_2Q_2 \text{ 的周长}$$
$$< \triangle CRS \text{ 的周长}$$

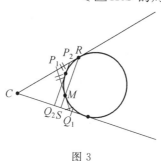

图 3

译者注 这一证明是我的中学同学,1965 年北京市数学竞赛一等奖获得者王国义先生告诉我的,在此,特对他表示深切的感谢。

问题 4 解答 解题思想:三角形的高通过垂心。

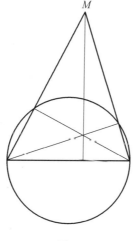

图 4

119

直径的两端和点 M 构成一个三角形,我们所求的是这个三角形过点 M 的高线,见图 4。所求的高必定通过这个三角形的垂心,而这个垂心容易通过另外两条高线的交点得出。对 M 在圆内的情况可同样作法。

问题 5 解答　解题思想:在等腰三角形中,底边上任意一点到其他两边的距离之和是一个固定的常数。所以所求的轨迹是一个矩形,其顶点位于所给的两条直线上,并且每个顶点到两条直线的距离之和等于所给的数(见图 5)。

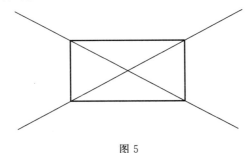

图 5

问题 6 解答　解题思想:利用重力。

在四边形的四个顶点处放上四个质点,使得每边的质心都落在切点上。此条件成立的一种方法是在每个顶点处放一个质量等于 1 除以从这个顶点到这个顶点所在的边的切点的距离(从每个顶点到相邻的两个切点的距离必定相等)。那么整个图形的质心必位于每两个相对切点的连线上。因此这两条连线必定相交,因而四个切点必位于一个平面上。

问题 7 解答　解题思想:用 $\sin 10°$ 表出 $\sin 30°$。
我们有

120

$$\frac{1}{2} = \sin 30° = 3\sin 10° - 4 \sin^3 10° \qquad ③$$

设

$$x = 2\sin 10°$$

那么从式 ③ 得出

$$x^3 - 3x + 1 = 0$$

这个方程的所有有理根必须是整数并且整除常数项，由于 ±1 都不是这个方程的根，因而它的所有的根都是无理数。

问题 8 解答　解题思想：

有三种可能的方法：

(1) 使用奇偶性考虑；

(2) 利用 $\tan 60°$ 是无理数；

(3) 记住不存在顶点都是格点的正十二边形。

方法 1　假设不然，并设三角形的一个顶点在原点，另两个顶点的坐标是 (a,b) 和 (c,d)。如果所有的数都可被 2 整除，那么我们可把三角形缩小一半而仍得到一个格点三角形，因而我们可设其中至少有一个数不能被 2 整除。

不妨设 a 是奇数，如果 b 也是奇数，那么 $a^2 + b^2$ 是形如 $4k + 2$ 的整数。由于 $a^2 + b^2 = c^2 + d^2$，因此我们得出 c 和 d 必须都是奇数。但是第三边长度的平方是 $(a - c)^2 + (b - d)^2$，可被 4 整除，这就说明这种三角形不可能是等边的。

方法 2　我们看出，由一条从原点出发通过格点的直线和任一坐标轴所夹的角的正切一定是一个有理数。此外，由于

$$\tan(\alpha + \beta) = \frac{\tan \alpha + \tan \beta}{1 - \tan \alpha \tan \beta}$$

121

两个正切都是有理数的角的和或差的正切,因此也必定是一个有理数。所以任何格点三角形的夹角的正切必定都是有理数。由于 $\tan 60° = \sqrt{3}$ 是无理数,所以等边三角形的三个顶点不可能都是格点。

方法 3 假设存在所有顶点都是格点的等边三角形。通过标度变换,我们可假设其中心也在格点上。把这个三角形围绕其中心旋转90°就又得出一个新的格点三角形。然后再转90°,然后继续再转 …… 最后我们就得出一个顶点都是格点的正十二边形。

现在让我们考虑顶点是格点的最小的正十二边形。把这个正十二边形的边都平移一下使其有共同的端点。那么这些边的另一端将仍是格点并构成一个新的正十二边形。而这个正十二边形要比原来的更小,这与我们假设原来的正十二边形是最小的矛盾。这就证明了不存在顶点都是格点的正十二边形,因而也不存在顶点都是格点的正三角形。

问题 9 解答 解题思想:用圆内接四边形的性质。

用所给的边作一个圆内接四边形,并将其嵌入一个圆。

如图 6,考虑圆周和四边形之间的灰色区域,再考虑另一个不同的四边形,它和第一个四边形有相同的边长并具有同样面积的附加的灰色区域。新的图形将和圆有相同的周长,因此必有更小的面积。由于附加的面积是不变的,因此四边形的面积也更小。

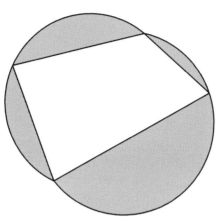

图 6

问题 10 解答　解题思想:可以分成两步来研究:把一个线段分成相等的两部分,然后再把一个线段分成相等的六部分,如果在另一条平行的线段上给出六个相等的线段。

给出一条线段及其平行线段,我们总可把其中一条线段二等分。在平行线段上取两个点,这两个点之间的线段和所给的线段将构成一个梯形。延长其两条斜边将形成一个三角形,通过三角形的第三个顶点和等分线段中点的连线将把另一条线段二等分。

利用上面所说的方法,首先把平行线上两点之间的线段八等分,取其中顺序的六点,然后联结三角形的顶点和内部的五个端点并延长这些连线以构成相似形,这五条直线和所给线段的交点就将六等分这条线段。见图 7(问题 10 中的相似形)。

123

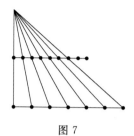

图 7

问题 11 解答　解题思想:和 $\dfrac{3}{2}$ 比较。

首先比较 $\log_2 3$ 和 $\dfrac{3}{2}$。函数 2^x 和 x^2 都是单调的(至少对正的 x 值来说)。因此我们可利用复合函数以去掉所给的数的"讨厌的外衣"

$$(2^{\log_2 3})^2 = 3^2 = 9 > 8 = 2^3 = (2^{\frac{3}{2}})^2$$

由此即可得出

$$\log_2 3 > \frac{3}{2}$$

同理可得出 $\log_3 5 < \dfrac{3}{2}$。因此 $\log_2 3 > \log_3 5$。

问题 12 解答　解题思想:利用 $2^{10} = 1\,024$ 接近 10^3 这一事实。

显然,$125^{100} = \dfrac{10^{300}}{2^{300}}$,而 $2^{300} = 1\,024^{30} = 10^{90} \times 1.024^{30}$,因此

$$125^{100} = \frac{10^{210}}{1.024^{30}}$$

让我们估计 1.024^{30}。对任何比 1 稍微大一点的数,我们可利用二项式公式

$$(1+x)^{30} = 1 + 30x + 435x^2 + \binom{30}{3}x^3 + \cdots$$

124

在我们的情况中，$x < \dfrac{1}{40}$，因此 x 的幂缩小的要比二项式系数增长的要快得多。由于前几项是 $1, 0.75$，0.27 和 0.06，因此我们知道 $1 < 1.024^{30} < 10$，这给出 125^{100} 共有 210 位数字。

译者注 当 $k \geqslant 3$ 时，我们有

$$\binom{30}{k} 0.024^k = \frac{30 \times 29 \times \cdots \times (30-k+1)}{k!} \times 0.024^k$$
$$\leqslant \frac{(30 \times 0.024)^k}{k!}$$
$$\leqslant \frac{(30 \times 0.024)^3}{3!}$$
$$\leqslant 0.12$$

所以

$$1 < 1.024^{30} = (1 + 0.024)^{30}$$
$$= 1 + 30 \times 0.024 + 435 \times$$
$$0.024^2 + \binom{30}{3} \times 0.024^3 + \cdots$$
$$\leqslant 1 + 0.75 + 0.27 + 0.06 +$$
$$28 \times 0.12$$
$$\leqslant 5.44 < 10$$

问题 13 解答 解题思想：用另一条线以某个角度用给定的距离去割两条平行直线，那么割出的线段的长度是不变的。

假设点 A，点 B，点 C 和点 D 按顺序表示正方形边上的点。联结点 A 和点 C，从点 B 向线段 AC 作一条垂线。设此垂线上有点 D' 使得 $BD' = AC$，那么点 D' 将在正方形上点 D 所在的边上（或边的延长线上），见图 8。现在 DD' 将给出正方形的一条边的方向，剩下的

事就容易完成了。

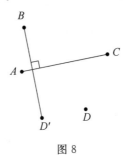

图 8

问题 14 解答　　解题思想：所求的点应在两条平行线的中线上。

设点 A 是函数图像上位于两条平行线的中线上的点。如果我们向右移动这一点，那么函数图像之下的面积增加得将比函数图像之上面积减少得快。向左移动的效果是对称的。

5　致　　谢

我们极为感谢 Dan Klain 和所有其他对本文第一稿做过帮助和评论的审稿人。特别感谢对问题 1 和 8 提供了另外解答的审稿人。

作者简介

TANYA KHOVANOVA 在莫斯科州立大学获得数学博士学位，目前从事趣味数学的研究。她本人在数学奥利匹克竞赛中曾取得优异成绩。现在，她辅导准备参加数学竞赛的有天赋的高中学生。她也在数学博客上发表有趣和让读者感到困惑的数学问题。

126

　　ALEXEY RADUL 在 MIT 获得计算机科学博士学位,目前从事最优化程序的编制研究。他喜欢不断地在头脑中用各种有趣的数学问题对自己提出挑战。

◎

编辑手记

出一本没用的书到底有什么用？

在 20 世纪 70 年代曾有一名叫 Mary Jucundu 的修女向科学家们询问：为什么要探索宇宙？天文学家恩斯特·斯图林格于 1970 年 5 月 6 日回信说：

在详细说明我们的太空项目如何帮助解决地面上的危机之前，我想先简短讲一个真实的故事。那是在 400 年前，德国某小镇里有一位伯爵，他是个心地善良的人，他将自己收入的大部分捐助给了镇子上的穷人。这十分令人钦佩，因为中世纪时穷人很多，而且那时经常爆发席卷全国的瘟疫。一天，伯爵遇到了一个

奇怪的人,他家中有一个工作台和一个小实验室,他白天卖力工作,每天晚上利用几小时的时间专心进行研究。他把小玻璃片研磨成镜片,然后把研磨好的镜片装到镜筒里,用此来观察细小的物件。伯爵被这个前所未见的可以把东西放大观察的小发明迷住了。他邀请这个怪人住到了他的城堡里,作为伯爵的门客,此后他可以专心投入所有的时间来研究这些光学器件。

然而,镇子上的人得知伯爵在这么一个怪人和他那些无用的玩意儿上花费金钱之后,都很生气。"我们还在受瘟疫的苦,"他们抱怨道,"而他却为那个闲人和他没用的爱好乱花钱!"伯爵听到后不为所动。"我会尽可能地接济大家,"他表示,"但我会继续资助这个人和他的工作,我确信终有一天会有回报。"

果不其然,他的工作(以及同时期其他人的努力)赢来了丰厚的回报:显微镜。显微镜的发明给医学带来了前所未有的发展,由此展开的研究及其成果,消除了世界上大部分地区肆虐的瘟疫和其他一些传染性疾病。

伯爵为支持这项研究发明所花费的金钱,其最终结果大大减轻了人类所遭受的苦难,这回报远远超过单纯将这些钱用来救济那些遭受瘟疫的人。

所以有用没用要分怎么看。

在《全能星战》中龚琳娜以一首《小河淌水》逆袭成功但马上又换了路数。

Sturm 定理

　　至于为什么不再照着《小河淌水》的路子走下去，其中的原因龚琳娜在 23 岁时就想明白了。"我想唱的是自由、是生命的多种多样，若唱什么都是《小河淌水》一个样，定格了，恐怕就没有那么多爱了。没了爱，就什么力量都没了……我想无拘无束快乐地歌唱。"

　　现在的大学、中学师生能看到的课外读物太单调了，除了解题方法就是考研攻略；除了 3＋X 就是 Y 轮模拟，就像食物一样，天天是海参、鲍鱼也会腻的。这套《小问题大定理》丛书权可以当作山珍海味之中的一道爽口小菜。

　　本书的中间有一节是浙江遂安学院的一位非常年轻的小伙子写的。他的雄心很大，想凭借一己之力像布尔巴基学派那样重写一部《代数学教程》，分四大卷共 12 分册，令人敬佩。现在社会上对这些非名校生有一个莫名的偏见，曾见过这样一个段子：我们校长有天路过学校后门，突然听到一句："我要考牛津！"校长顿时感动不已，没想到他们学校也有如此有志青年，决定看看是哪位，忽然又听到一句："再来两串大腰子！！！"而这位年轻人的雄心壮志我看一点也不比想考牛津大学的学生弱。单看他列的各卷各分册的目录便知：

　　第一卷第 1 分册：集合论

　　第一卷第 2 分册：代数结构

　　第二卷第 1 分册：数的理论

　　第二卷第 2 分册：代数方程式论

　　第三卷第 1 分册：行列式论及其应用，线性方程组

　　第三卷第 2 分册：组合原理及其在代数学上的应用

　　第四卷第 1 分册：线性空间，矩阵理论（上）

第四卷第 2 分册:线性空间,矩阵理论(下)

如果数学工作室将来有"不差钱"的那天,笔者一定会给他全部出版,以资鼓励。

本书的最后部分是附录。它是由我们的老作者——中科院应用数学所研究员冯贝叶老先生译的。冯先生老当益壮,几乎每一年都在我们工作室出版一本新作。这篇文字是他当初准备投给《数学译林》的,而《数学译林》因故没用,所以希望我们能用一下。笔者认为冯老先生的生活完全暗合了太极四象:元、亨、利、贞,即每一个体的青少年是学子阶段(元),青壮年是居士尽职尽责阶段(亨),中年是散财修道阶段(利),晚年是布道传道阶段(贞)。个体生存如未能遵循这种天文人文,即是缺德的,不道的;其结果,一如星球,难以跟其他星体共奏出和谐的天体运行之音,天籁之音。

本书开始以一道"华约"自主招生试题的解法为引子,最后的结尾实际上也是以自主招生试题结束。只不过这个自主招生是莫斯科大学的,这个学校笔者去过,非常雄伟高大。哈工大主楼就是以其为样板建设的。但从这套问题中所反映的反犹倾向表现了其思想的阴暗之处。

据统计,迄今为止,已经有 170 多位犹太人获诺贝尔奖,占获奖者总数的五分之一。其中又以经济学奖最为生猛,获奖者有 40%是犹太人。在诺贝尔奖存在的大多数年份里,都有犹太人获奖,多于 3 个要庆祝,少于 3 个要反思,就是这么一个优秀的民族在大学这样一个精英荟萃之所尚受排挤,可见问题之严重。

中国目前的大学广受诟病,其组织官僚化,教师边缘化,成果泡沫化,学生城镇化尤其严重。有人曾统计过,20 世纪七八十年代直接由农村中学考上清华和北大的多达 40% 之多。而到了近几年这一数字下降到了 3% 左右,多么可怕。中国要想现代化,必须是农民的现代化,农一代肯定是没希望了,他们曾被牢牢地拴在了土地上。那么农二代就是他们唯一的希望,上升通道一定要通畅才行。

有社会学专家指出:现代性的一个神话是人的幸福会不断提升,然而布克哈特的警告是,任何对绝对幸福的追求都会导致更为专制的统治。世界具有根深蒂固的痛苦性,但这种痛苦性无法通过消费和享乐来消解,而只能通过艺术体验和沉思。如果长期浸淫于短期刺激性的"精神产品"中,人的头脑就会钝化而良莠不分。布克哈特讽刺说,在教育不足的人眼中,所有的诗歌和阿里斯托芬、拉伯雷、塞万提斯的作品都是难以理解和索然无味的,因为它们无法给读者像小说那样的感受,而真正的美需要经过艰苦的努力才能理解和欣赏。当时布克哈特警告的还只是小说,而今天的市场生产着远比小说刺激和丰富的娱乐产品。在娱乐中,人只是把自身作为满足自身欲望的工具,而真正的自由意味着人就是目的本身,人本身追求他内心中对美的向往,只有在这样的自由中,人的高贵价值才能体现。

你怎么看呢?

刘培杰
2017 年 10 月 15 日
于哈工大

作者独特生活

起伏的年代，

大荒人，苍凉

的成长，人生

此无憾。

中带有几分灵

，泛舟心海，

水，江南烟雨

奇妙的画面，

的鸣唱。

番笑竹

冬　玉

李未圻

学波

ISBN

扫我了解更多　　定

版
SHING